Atlas de poche des m
France, de la Suisse
Belgique; avec leur description, moeurs et organisation

René Martin

Alpha Editions

This edition published in 2024

ISBN : 9789361476518

Design and Setting By
Alpha Editions
www.alphaedis.com
Email - info@alphaedis.com

Contents

PRÉFACE

Les mammifères qui habitent la France, la Belgique et la Suisse sont, ou bien connus de tout le monde parce qu'on a souvent l'occasion de les rencontrer, comme par exemple le lièvre, le lapin, la souris; ou facilement reconnaissables quand on les aperçoit, comme l'écureuil, le hérisson, la taupe; d'autres sont exposés, vivants ou empaillés, dans les muséums et les jardins zoologiques, comme le sanglier, le cerf, le renard, et ceux qui ne les ont pas vus à l'état sauvage savent distinguer immédiatement ces formes caractéristiques. Mais il y en a beaucoup que le public connaît mal, soit parce qu'ils sont rares, comme le desman, le mouflon, le bouquetin, soit parce qu'il les confond plus ou moins entre eux et avec les espèces connues, comme les musaraignes, les loirs, les campagnols qui, à première vue, semblent voisins des rats. Il y a enfin tout le groupe des chauves-souris, si différentes les unes des autres et pourtant si difficiles à distinguer sans étude ou au moins sans guide. Nous espérons que, à l'aide du petit ouvrage que nous offrons au public, il sera aisé à nos lecteurs de reconnaître de suite tous les animaux qu'ils pourront avoir sous les yeux et qu'ils éprouveront le plaisir qu'on ressent quand on arrive, après un examen de quelques minutes, à donner son nom exact à la bête qu'on a devant soi.

N'est-il pas véritablement utile de bien connaître la faune des pays que nous habitons, d'autant mieux que plusieurs des mammifères de France sont des gibiers servis journellement sur nos tables, que beaucoup de petits rongeurs sont des fléaux pour l'agriculture et que d'autres donnent des fourrures servant à nos vêtements.

L'ouvrage comprend deux parties:

Dans la première sont figurées et décrites nos principales espèces indigènes. Presque toutes les planches et couleurs ont été dessinées sur l'animal vivant, les autres, en très petit nombre, ont été faites sur des spécimens choisis au Muséum parmi les plus beaux et les mieux montés. En regard de chaque figure se trouve une description de l'espèce, de ses mœurs et de ses habitudes, ainsi que les documents indiquant son utilité ou les dégâts quelle peut causer à l'homme.

La deuxième partie du volume se compose de notions aussi simples et aussi claires que possibles sur la structure, la biologie, la classification de nos mammifères, avec la description de toutes les espèces vivantes en France, en Belgique et en Suisse. Après avoir parlé de toutes les formes sauvages de notre pays, nous dirons quelques mots de nos espèces domestiques, notamment en ce qui concerne leurs origines.

Il est pourtant un ordre de mammifères dont nous ne parlerons pas, celui des cétacés, mammifères exclusivement aquatiques, à corps imitant celui des poissons, comprenant les marsouins, les dauphins, les baleines, etc., par la raison que cet ordre a déjà été traité en appendice, il est vrai, mais d'une façon complète dans le volume de la collection écrit sur les poissons marins, auquel le lecteur voudra bien se reporter.

Les dimensions données pour chaque animal sont celles du mâle adulte. Ces dimensions sont parfois un peu variables, surtout chez certaines espèces, les individus, fussent-ils d'une même portée, n'étant jamais exactement semblables. Ce qui est utile, ce sont des chiffres donnant une moyenne, sauf dans le cas où il s'agit de comparer deux formes voisines pour lesquelles la différence de taille, même minime, est un objet de comparaison.

RHINOLOPHE GRAND FER-A-CHEVAL

Les Rhinolophes sont des Chauves-Souris remarquables par un repli membraneux, plus ou moins en forme de feuilles plissées, qu'elles ont sur le nez. Ce caractère les fait reconnaître de suite.

Le Rhinolophe grand fer-à-cheval, de taille relativement grande (envergure: $0^{m}36$; corps: $0^{m}065$; queue: $0^{m}035$) a le pelage d'un gris brun roux en dessus, d'un brun pâle ou grisâtre en dessous; deux feuilles nasales, la postérieure lancéolée; les côtés de la selle un peu concaves; les oreilles larges, un peu plus courtes que la tête, à pointe aiguë; la 2e prémolaire supérieure accolée à la canine, la 1re prémolaire se trouvant en dehors de la ligne des dents; l'aile insérée au talon. Les deux sexes et les jeunes sont semblables.

En toutes saisons, ce Rhinolophe, reconnaissable à sa grande taille, habite les souterrains, les caves et les cavernes où on le trouve suspendu aux voûtes et aux parois; il ne se glisse jamais dans les fissures et dans les trous. En été, quelques sujets se réfugient dans les greniers des moulins abandonnés ou des vieux édifices situés près des eaux.

Durant les beaux jours, il sort de sa retraite, quand la nuit est tombée, et longe, d'un vol bas et peu rapide, les buissons, les avenues, le bord des rivières et les bâtiments. Il saisit alors une foule de coléoptères et de papillons qu'il dévore sans s'arrêter, mais si la proie est volumineuse, il s'accroche immédiatement à l'entrée d'une caverne, d'une maison ou à un tronc d'arbre, la tête en bas et la mange tranquillement. C'est ainsi qu'on voit, à l'entrée des grottes qu'il habite, de nombreux débris d'insectes. Si, à cette époque, on pénètre pendant le jour dans une caverne où il s'est retiré pour dormir, il s'éveille à l'approche de la lumière et se laisse difficilement saisir.

Dès la fin d'octobre commence le sommeil hibernal; ce qui n'empêche pas que, parfois, en novembre, on voit encore voler quelques-unes de ces Chauves-Souris.

Pendant les grands froids, le sommeil est profond, car on peut alors les enlever, les examiner et les remettre en place.

Cette espèce est très difficile à tenir en captivité, elle ne cesse de se meurtrir aux parois de la cage et refuse ordinairement toute nourriture.

Elle habite une grande partie de l'Europe, commune dans le Sud et plus rare dans le Nord. En France, on la trouve partout; elle est même très répandue dans le Centre, l'Ouest et le Midi. Elle est plutôt rare en Suisse et en Belgique.

Une autre espèce de Rhinolophe, le Rhinolophe petit fer-à-cheval, est assez commune en France, en Belgique et en Suisse; deux autres espèces, le

Rhinolophe de Blasius et le Rhinolophe Euryale n'habitent que le Sud et le Centre de la France. Elles seront décrites dans la seconde partie de cet ouvrage.

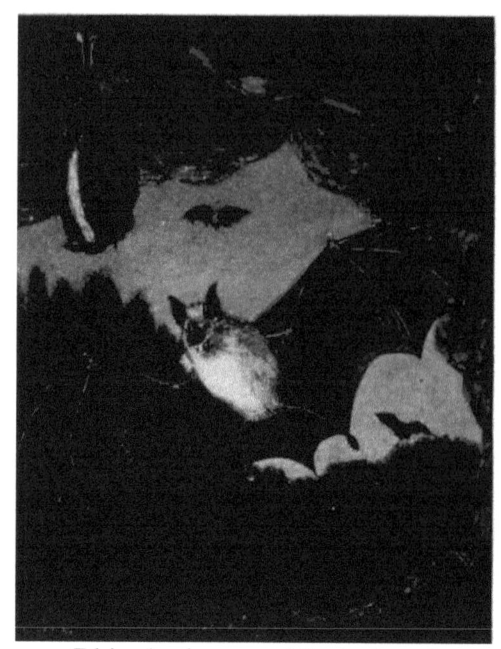

Rhinolophe grand fer à cheval
Rhinolophus ferrum equinum
Chauve-souris
Famille des Rhinolophidés

Oreillard commun
Plecotus auritus
Chauve-souris
Famille des VESPERTILIONIDES

OREILLARD COMMUN

Cette Chauve-souris a le museau assez allongé, le nez sans repli bien net en forme de feuille, mais cependant une apparence de repli; les narines ouvertes à la partie supérieure du museau au fond d'une rainure; deux incisives de chaque côté à la mâchoire supérieure, trois à la mâchoire inférieure; les oreilles soudées ensemble à leur base, énormes, avec un oreillon de presque moitié de l'oreille, en forme de couteau assez étroit, un peu plus large en bas; les ailes courtes et larges; les jambes longues, et 36 dents.

Le pelage est brun cendré en dessus, gris jaunâtre en dessous, l'aile insérée à la base des doigts; l'envergure de $0^{m}23$ à $0^{m}26$, avec le corps d'une longueur de $0^{m}05$ et la queue de $0^{m}045$. Les deux sexes sont semblables, la femelle et les jeunes parfois plus foncés ou plus ternes. On la reconnaît de suite à ses oreilles extrêmement grandes, aussi longues que le corps.

Elle est plus ou moins commune, suivant les localités, mais généralement très répandue, dormant, le jour, cachée dans les trous de murs, les carrières ou les greniers, souvent derrière les contrevents des fenêtres, et partant, dès le crépuscule, à la recherche des petits insectes nocturnes.

Son vol rapide, très coupé et très irrégulier, est moyennement élevé. On la voit circuler à travers les branches des arbres et se frôler aux rameaux comme si elle saisissait des insectes posés sur les fleurs, ou raser la surface des eaux, ou bien chasser dans les vergers, les clairières des bois et les rues des villes.

Au printemps et en été, les femelles réunies par petites bandes, élèvent leurs petits en commun. En hiver, on la rencontre par petits groupes, et souvent solitaire, suspendue aux voûtes des cavernes et des caves, ou profondément enfoncée dans une fissure, avec les oreilles repliées le long du corps, les oreillons seuls demeurant droits.

Elle reprend de bonne heure la vie active, parfois dès les belles soirées de janvier et de février.

C'est la seule espèce du genre Oreillard habitant la France, la Suisse et la Belgique.

VESPÉRIEN PIPISTRELLE

La Pipistrelle a le museau court, le nez sans aucun repli, les narines s'ouvrant au bout du museau, deux incisives à la mâchoire supérieure de chaque côté, trois incisives à l'inférieure; les oreilles très séparées, très peu longues, assez larges, l'oreillon peu courbé en forme de couteau obtus, ayant sa plus grande largeur au-dessus de la base; les ailes longues insérées à la base des doigts; 34 dents; les jambes plutôt courtes et fortes.

Son pelage assez variable de coloration est en général brun noir dessus, brunâtre en dessous. Les deux sexes sont semblables, les jeunes de teinte plus foncée. Envergure: $0^{m}18$ à $0^{m}20$; corps $0^{m}038$; queue $0^{m}032$.

Très petite espèce, commune partout en France, surtout dans le centre et le nord, en Belgique et en Suisse. Elle se retire dans les greniers, les écuries, les trous des murailles et des arbres, tantôt seule, tantôt par bandes. A peine la nuit venue, elle part, et d'un vol rapide et très irrégulier, circule dans les villes et autour des bâtiments, au-dessus des arbustes et des rivières et entre même dans les appartements éclairés.

L'hiver, elle se cache dans les coins des greniers, dans les trous des charpentes et dans les combles des édifices. Son sommeil est peu profond et il n'est pas rare de la voir voltiger dans une tiède soirée d'hiver. En cette saison, sa coloration est généralement plus claire qu'en été.

La Pipistrelle a été souvent conservée en captivité dans des cages et on a pu constater qu'elle absorbait une très grande quantité de nourriture, car on l'a vue manger de suite plus de 30 sauterelles ou criquets, ou bien environ 300 mouches.

Le genre Vespérien compte un certain nombre d'espèces dont nous donnerons plus loin la description.

Vespérien pipistrelle
Vesperugo pipistrellus
Pipistrelle
Famille des VESPERTILIONIDES

Hérisson d'Europe
Erinaceus europaeus
Famille des ERINACEIDES

HÉRISSON D'EUROPE

Le Hérisson, dont le corps mesure environ 0^m 24 et la queue 0^m 17, a la tête large à la base, de petites oreilles arrondies, la queue velue et très courte, et 36 dents. Son pelage est composé, sur la tête, les membres, la queue et le ventre, d'une fourrure de poils d'un brun jaunâtre, plus clairs sur l'abdomen et la poitrine, et sur toutes les parties supérieures du corps, d'une série de longs piquants serrés et aigus, d'un blanc jaunâtre à leur base, noirâtres vers leur moitié et blancs au bout. Dès qu'il est inquiété, l'animal place sa tête, ses membres et sa queue sur l'abdomen et se replie en rond, ne présentant plus qu'une boule hérissée de piquants.

Le Hérisson est partout très commun, dans les haies des campagnes et dans les bois taillis. Durant le jour, il demeure caché sous un pied de taillis, un roncier ou un amas de pierres; il en sort rarement pendant le grand soleil, mais aussitôt le crépuscule, il commence à courir de côté et d'autre, dévorant tout ce qu'il rencontre, insectes de toutes sortes, lombrics, limaces, limaçons, serpents, lézards et grenouilles, mulots et campagnols, lapereaux dont il trouve le nid, jeunes oiseaux, et au besoin des racines et des fruits.

Renfermé dans une écurie, nous l'avons vu dévorer des œufs, de petits pigeons, et une personne digne de foi l'a vu attaquer, dans les mêmes conditions, de petits chiens qui venaient de naître.

Il mange les cantharides, dit-on, sans en être incommodé et attaque la vipère, ses piquants le protégeant contre les morsures, car il n'est pas certain qu'il soit immunisé, comme on le prétend, contre le venin du reptile.

C'est un animal, à la fois utile puisqu'il détruit les insectes nuisibles, les limaces, les campagnols et la vipère, et un peu nuisible puisqu'il mange du gibier et des oiseaux.

Il ne court pas très vite, mais il grimpe assez bien et au besoin escalade une muraille même élevée. Grâce à son système de défense, il est rarement tué par les animaux carnassiers; les chasseurs dont les chiens l'arrêtent souvent dans les buissons, l'épargnent ordinairement; les paysans, au contraire, le tuent généralement quand ils le rencontrent, soit pour le plaisir de le tuer, soit pour le manger.

Au mois de juin, la femelle construit, dans un roncier, au milieu des champs ou dans un bois épais, un nid d'herbes où elle dépose ses petits; elle fait ainsi deux portées par an, de chacune trois à sept jeunes. Ceux-ci, à la naissance et pendant quelques jours, ont les piquants mous, mais ils durcissent vite et sont alors plus aigus que ceux des adultes.

A la fin de l'automne, le Hérisson se cache sous d'épaisses racines, sous des rochers ou dans un fourré, et là, s'ensevelit dans un amas de feuilles sèches et de broussailles. Dès les premiers beaux jours du printemps, il se réveille et commence sa vie d'été.

TAUPE COMMUNE

La Taupe est une bête d'environ $0^{m}18$ de longueur, sans oreilles visibles, au museau allongé terminé par une sorte de boutoir, aux membres courts, ceux de devant ayant la forme de larges mains, ceux de derrière étroits, revêtue d'un soyeux pelage noir, parfois avec nuance cendré brillant. Ses yeux sont extrêmement petits, ordinairement ouverts et munis de paupières, mais on rencontre aussi des individus ayant un œil ou les deux yeux recouverts d'une peau transparente très mince. C'est une espèce en voie de transformation, perdant le sens de la vue qui lui est souvent inutile.

Sa vie se passe presque entièrement sous terre où elle creuse de petites galeries longues et compliquées, généralement faites sur le même modèle. Elle y circule avec vivacité et y chasse les animaux qu'elle y rencontre. On ne la voit presque jamais à la surface du sol et si on l'y surprend, elle se hâte de s'enfouir en un clin d'œil. Si on ne la voit pas quand elle est sous terre, sa présence est révélée par les amas arrondis de terre qu'elle rejette et qui indiquent la direction de ses galeries. Ces monticules appelés «taupinières» sont placés irrégulièrement, tantôt éloignés, tantôt très près les uns des autres, et se trouvent dans les prés, les bois, les champs et les jardins, en toutes saisons, même en hiver, puisque, sur une couche de neige tombée de la nuit, les taupinières apparaissent comme des taches obscures, dès les premières heures du matin.

C'est dans ces galeries, sous un nid feutré d'herbes, que la femelle, après une gestation de quatre semaines, met bas, d'avril à juin, trois à six petits.

La Taupe est extrêmement vorace et ne cesse de manger les lombrics, les larves de coléoptères, les courtilières, même les campagnols et les jeunes mulots; elle attaque même ses semblables quand elle ne trouve pas autre chose.

Elle est certainement utile parce qu'elle détruit beaucoup d'insectes nuisibles, mais il ne faut pas la laisser trop se multiplier parce qu'elle fait périr les jeunes plants dans les potagers et que, dans les prairies, ses taupinières sont très gênantes pour les faucheurs.

Aussi les cultivateurs en prennent-ils beaucoup avec des pièges spéciaux tendus dans les galeries.

Les mâles sont plus nombreux que les femelles. Assez souvent, on trouve des taupes blanches et de couleur isabelle.

On a fait une seconde espèce de la Taupe aveugle (*Talpa cœca Savi*) qui habite certains départements des bords de la Méditerranée et qui n'est peut-être qu'une variété de la Taupe commune. Elle a la taille et les habitudes de notre espèce et en diffère par ses yeux toujours recouverts d'une pellicule et privés de paupières, par la longueur de son boutoir, par ses deux incisives supérieures médianes, beaucoup plus larges que les latérales, et sa seconde prémolaire supérieure beaucoup plus petite que la troisième, alors que, chez l'espèce ordinaire, les incisives supérieures sont toutes à peu près égales et la deuxième prémolaire supérieure aussi grande que la troisième.

Taupe commune
Talpa europaea
Foyon
Famille des TALPIDES

Desman des Pyrénées
Myogalea pyrenaica
Famille des TALPIDES

/\/\/\/\/\/\/\/\/\/\/\/\/\/\/\/\/\/\/\

DESMAN DES PYRÉNÉES

Les Desmans tiennent le milieu entre les Taupes et les Musaraignes. Ils diffèrent de celles-ci par leur dentition. Leur museau, extrêmement allongé, se prolonge en une petite trompe très longue et très flexible qu'ils agitent sans cesse et où sont percées les narines étroitement accolées; la queue est longue, écailleuse, aplatie aux côtés. Leurs pieds ont cinq doigts réunis par des membranes; les pieds de derrière sont très grands, écailleux, portant des ongles longs et forts. Ils n'ont pas d'oreilles apparentes et portent 8 mamelles. Il y a 22 dents à chaque mâchoire.

Le Desman des Pyrénées est la seule espèce française du genre; une autre, qui habite l'Europe orientale, est le Desman de Moscovie. Celui des Pyrénées est un petit animal de $0^{m}25$ de longueur, ressemblant un peu d'apparence à une Musaraigne, pourvu d'une fourrure lustrée et soyeuse, brune en dessus, argentée en dessous. On le trouve dans les départements voisins des Pyrénées, à Tarbes, à Pau, dans l'Ariège, les Pyrénées-Orientales et aussi dans les Landes. Il n'est pas rare en Espagne et en Portugal.

Il s'établit le long des cours d'eau, dans les marais et les prairies inondées; là, il se creuse des galeries dans les fossés et les berges ou s'empare des trous creusés par les rats d'eau. Parfois, il s'éloigne des eaux et on l'a trouvé à plusieurs reprises caché dans des meules de foin.

Il chasse pendant la nuit et se nourrit de coléoptères, de larves d'insectes, de crustacés et de jeunes truites. Toujours est-il qu'on le prend assez souvent dans les filets tendus pour le poisson, et qu'on le considère comme nuisible.

Il pousse de temps en temps de légers cris et mord facilement la main qui cherche à le saisir. La femelle met bas deux petits vers la fin de janvier.

Il porte, sous la naissance de la queue, une poche d'où se dégage une très forte odeur de musc. Les chiens des chasseurs au marais le prennent assez fréquemment et le tuent, mais le rejettent aussitôt, dégoûtés par son odeur. Les autres animaux ne l'attaquent pas, sauf les gros brochets dont il devient, dit-on, assez souvent la proie.

CROCIDURE ARANIVORE

Petite bête de 0ᵐ075 de longueur, avec la queue de 0ᵐ038, le pelage brun rouge en dessus et blanchâtre à l'extrémité des membres, les oreilles peu velues couvertes de poils courts avec seulement quelques poils longs, les dents blanches, les yeux très petits, le museau long et mobile. Une glande située sur les flancs répand une odeur fade chez le mâle. 28 dents. Les deux sexes et les jeunes sont semblables.

Le Crocidure aranivore, vulgairement la Musette, se trouve partout dans les champs, les jardins, les étables et les fumiers de fermes. Elle fait continuellement entendre de petits cris aigus et est toujours en quête de nourriture dont il lui faut une grande quantité. Tout lui est bon, insectes, lombrics, petits mammifères, petits oiseaux, cadavres d'animaux et même les autres Musaraignes, quand elle ne trouve pas mieux.

En captivité, elle est toujours active et mange avidement la viande hachée et les cadavres de souris et de campagnols dont elle ouvre tout d'abord le ventre, puis elle introduit son museau dans le corps et dévore tous les muscles, ne laissant que la peau et les gros os. Son odeur forte empêche les chiens et les chats de la manger; ils la tuent, mais la laissent sur place.

Cette espèce est certainement monogame, car on trouve presque toujours ensemble le mâle et la femelle. Elle fait, de février à octobre, de deux à quatre portées, chacune de trois ou quatre petits.

On peut la considérer comme plutôt utile que nuisible, car si elle attaque les oisillons qu'elle trouve à terre, elle détruit beaucoup de campagnols et d'insectes. Elle est répandue partout en France, en Suisse et en Belgique.

Deux autres espèces de Crocidures font partie de notre faune: la Leucode, plus spéciale aux contrées orientales, remarquable par sa queue très courte, et l'Étrusque, spéciale au Midi, reconnaissable à son extrême petitesse, à sa queue carrée et à sa dentition (30 dents au lieu de 28).

Crocidure aranivore
Crocidura araneus
Musette, Musaraigne de terre
Famille des SORICIDES

Musaraigne carrelet
Sorex vulgaris
Plaron
Famille des SORICIDES

MUSARAIGNE CARRELET

La Musaraigne Carrelet ressemble un peu à une Crocidure, mais elle s'en distingue surtout par sa queue à peu près carrée, ses dents toujours rouges au bout et sa dentition composée de 32 dents. C'est un petit animal de 0^{m} 070 de longueur, avec la queue de 0^{m} 040, ayant un pelage velouté brun noirâtre ou même noir en dessus, blanc ou grisâtre en dessous, avec une ligne noire sur les flancs, les oreilles petites disparaissant sous le poil, les yeux très petits, le museau long et mobile, la queue un peu plus courte que le corps et une glande odorante sur les flancs. Les deux sexes semblables, les jeunes de coloration plus terne.

Très commune partout en France, en Belgique et en Suisse où elle se rencontre assez haut sur les montagnes, elle vit dans les champs entourés de buissons et sur le bord des taillis. Nuit et jour elle circule dans le voisinage de son trou, jetant de temps à autre une menue stridulation qui la fait remarquer. Elle s'attaque à tous les petits animaux, souris, campagnols, oisillons, grenouilles, orvets, lombrics; elle-même est souvent prise par les chiens, les chats, les belettes et les putois qui la tuent incontinent mais la rejettent aussitôt, à cause de son odeur. Cette odeur, en somme, n'est guère une protection pour elle.

En captivité, elle se montre très vorace et mange avidement les petits oiseaux ou les souris qu'on lui donne. Elles s'attaquent même entre elles si plusieurs sont renfermées dans la même cage.

La femelle bâtit dans un trou de mur, sous des tas de pierres ou des racines d'arbres, un nid feutré de mousse et de feuilles, dans lequel elle dépose, de mai à juillet, cinq, six et même dix petits.

Le genre Musaraigne comprend, outre le Carrelet, deux autres espèces françaises, la Musaraigne pygmée, bien plus petite, rare en France et en Belgique, inconnue même dans certains départements, mais plutôt commune en Suisse, et la Musaraigne des Alpes, qui habite seulement les provinces montagneuses de la France, les Alpes, les Pyrénées, le Jura et le Doubs, ainsi que plusieurs localités suisses.

CROSSOPE AQUATIQUE

La Musaraigne d'eau a une certaine ressemblance avec le Carrelet, mais elle est plus grande (corps $0^{m}087$ à $0^{m}105$ de longueur; queue, $0^{m}55$ à $0^{m}65$), a la queue quadrangulaire ciliée en dessous, les pieds forts, larges, pourvus de soies raides et 30 dents, dont le bout est rouge orangé. Le pelage fourré est d'un brun presque noir en dessus, avec une petite tache noire en arrière de l'œil, blanc ou grisâtre en dessous, la queue brune dessus et blanche en dessous, les pieds brunâtres, les yeux très petits, les oreilles arrondies à peu près cachées sous le poil, le museau long et mobile, le corps allongé et les membres courts. Les deux sexes sont semblables, mais les jeunes ont une coloration plus terne. La variété «ciliatus» a le ventre presque noir.

Cette Musaraigne répandue partout en France, en Belgique et en Suisse, est généralement très commune sur le bord des rivières, étangs et ruisseaux marécageux, où elle se creuse des trous profonds quand elle ne se loge pas dans les terriers des rats d'eau. On la voit, si on s'approche sans bruit, circuler avec une extrême vivacité sur le rivage, ou nager et plonger avec aisance et rapidité, poussant de temps en temps de petits cris sifflés.

Elle mange tous les petits animaux qu'elle peut saisir, les larves de batraciens, les œufs de poissons, les crevettes, écrevisses, tritons, grenouilles, vers et insectes, et attaque même les poissons assez gros, ce qui la fait considérer comme franchement nuisible. A son tour, elle est dévorée à l'occasion par les busards et les hérons, mais elle n'a pas beaucoup d'autres ennemis, sauf les gros brochets.

Dans un nid d'herbes, au fond de son terrier, la femelle dépose, à deux ou trois reprises, d'avril à octobre, de six à huit petits.

La taille et la couleur de cette espèce sont assez variables. On a voulu voir, mais certainement à tort, une seconde espèce dans les individus à ventre noir, car on observe toutes les colorations intermédiaires.

Crossope aquatique
Crossopus fodiens
Musaraigne d'eau
Famille des SORICIDES

Castor ordinaire
Castor fiber
Famille des CASTORIDES

CASTOR ORDINAIRE

Un Castor moyen a le corps, sans la queue, long de 0^m65, la queue mesurant 0^m30, mais certains Castors adultes peuvent atteindre une longueur totale de 1^m10. C'est un animal à corps gros et épais, avec les membres, surtout ceux de devant, courts, les yeux très petits, les oreilles courtes, la queue ovalaire, écailleuse, très large et très aplatie en forme de battoir, les pieds postérieurs palmés. Le pelage très dense, très doux, est d'un brun marron; le tiers supérieur de la queue seul est couvert de poils et d'un brun de suie. Près de l'anus, deux paires de glandes sécrètent la matière dite «castoreum».

Le Castor ou Bièvre d'Europe, très analogue à celui d'Amérique, habitait autrefois presque toute la France. Avant le moyen âge, on le trouvait aux environs de Paris et c'est de lui que vient à une petite rivière le nom de Bièvre. Pendant le moyen âge on le trouvait aux bords de la Saône, de l'Isère, de la Somme, de la Durance, du Rhône et du Gardon. Aujourd'hui il a été détruit presque partout et l'espèce n'est plus représentée en France que par quelques individus vivant péniblement sur le Rhône et quelques-uns de ses affluents; il est malheureusement certain que bientôt il aura complètement disparu. Autrefois, il construisait des digues dans les ruisseaux, mais à force d'être inquiété et pourchassé, il a perdu ses habitudes et il vit isolé ou en petites colonies sur quelques îlots du Rhône, dans de très longs terriers creusés sur les berges.

Sa nourriture consiste en racines de nénuphars et en jeunes pousses de saules, de peupliers, de bouleaux. On sait qu'il abat les arbres et on rencontre parfois des arbres coupés par lui, reconnaissables à l'empreinte de ses dents et à la forme de la cassure.

C'est une bête tout à fait nocturne, qui nage et plonge admirablement et ne quitte jamais le rivage des rivières.

Il s'accouple pendant l'hiver et la femelle met bas, dans son trou, en avril et mai, deux à cinq petits.

Sa peau est fort estimée, sa chair plutôt bonne était autrefois classée parmi les aliments maigres, et son produit un peu démodé, le «castoreum», se vendit à un prix élevé, puisqu'une livre à l'état brut valait, il y a quelques années, plus de 250 francs.

On a trouvé sur lui un coléoptère parasite particulier, le «Platypsillus Castoris», le même parasite existant sur le Castor d'Amérique, et aussi un acarien pilicole spécial «Schizocarpus Mingaudi».

Pendant longtemps, le Syndicat des digues du Rhône, sous prétexte de prétendus dégâts compromettant la solidité des digues, payait pour chaque animal abattu une prime de 15 francs, mais, mieux informé, il a supprimé cette prime; et aujourd'hui on tend à protéger le Castor plutôt qu'à le détruire.

ÉCUREUIL COMMUN

Tout le monde connaît l'Écureuil de France avec son pelage d'un roux vif en dessus, pendant l'été, blanc en dessous; ce pelage variant suivant les saisons et les individus, et devenant sur le dos grisâtre ou roux brun ou brun noirâtre.

L'Écureuil, dont le corps mesure, sans la queue, $0^{m}25$, et avec la queue $0^{m}48$, est commun dans les bois presque partout et il semble même, en beaucoup de localités, devenir plus répandu qu'il n'était autrefois. D'une vivacité et d'une souplesse extrême, il court sur les arbres, même sur les branches flexibles, sautant de l'un à l'autre; souvent il descend à terre, mais à la moindre alerte, il grimpe en un clin d'œil à la cime d'un arbre voisin et s'y dissimule admirablement. Blessé, il mord cruellement la main qui s'approche de lui.

L'accouplement a lieu de février à avril. Chaque couple bâtit alors sur un arbre plusieurs nids avec de la mousse et des feuilles sèches et, dans un de ces nids, la femelle, qui habite souvent séparée du mâle, met bas, après une gestation d'environ un mois, de trois à six petits. Elle fait souvent ensuite une deuxième portée.

Durant tout l'automne, il récolte des provisions de glands, faînes, châtaignes, noix et noisettes, qu'il place ordinairement dans une cavité d'arbre, sous des racines ou sous de grosses pierres. Pendant l'hiver, il se cache dans son nid, souvent avec quatre ou cinq autres qui se serrent les uns contre les autres pour se réchauffer, car ils ne s'engourdissent pas.

C'est un animal certainement très nuisible, car il attaque et ronge les bourgeons et l'écorce des conifères, arrêtant ainsi leur développement, dévaste les noyers et détruit beaucoup de nids d'oiseaux. On a même constaté, en Berry et en Touraine, que, dans les bois où il était en nombre, il ravageait la plus grande partie des nids de la perdrix rouge.

Sa chair est mangeable quand il habite les bois de chênes et de châtaigniers, plutôt mauvaise quand il se nourrit de bourgeons et des cônes des conifères. Sa fourrure d'hiver est assez estimée.

L'Écureuil est répandu presque partout en France et en Belgique; en Suisse il est commun aussi bien en plaine que dans les montagnes.

Écureuil commun
Sciurus vulgaris
Spirou, Fouquet
Famille des SCIURIDES

Marmotte vulgaire
Arctomys marmotta
Famille des SCIURIDES

MARMOTTE VULGAIRE

La Marmotte a la tête large, plus allongée que celle de l'Écureuil, les membres forts et trapus, façonnés pour creuser la terre, les oreilles courtes, les yeux très gros, la queue courte et poilue, dix mamelles, vingt-deux dents dont deux incisives jaunes à chaque mâchoire. Son pelage est fauve grisâtre ou roux noirâtre en dessus, roussâtre en dessous. Elle a, en moyenne, $0^{m}65$ de longueur.

Elle se trouve seulement dans les montagnes des Alpes, soit en Suisse, dans les départements de la Savoie, de l'Isère, des Hautes et Basses-Alpes et y vit à la hauteur de 1.500 à 3.000 mètres, vers la limite des neiges éternelles. Là, on les rencontre par colonies, au milieu des rochers et des éboulis, aux environs des terriers qu'elles se creusent très profondément, mangeant en abondance des plantes, des racines et des graines. Surprises par l'homme, elles poussent un très fort sifflement et rentrent prestement dans leurs trous. On prétend que si un groupe de Marmottes est au repos, l'une d'elles se place en sentinelle pour aviser les autres d'un danger possible. Des observations sérieuses ont prouvé que le fait était plutôt une légende populaire.

Après l'accouplement qui se fait au printemps, à la fin d'avril, et cinq semaines de gestation, la famille met bas dans son terrier quatre à six petits. Pendant l'été, les Marmottes passent leurs journées à manger et à se reposer, si bien que, dès le mois de septembre, elles sont en général excessivement grasses. Alors, elles quittent leur domicile d'été, lorsqu'il est placé à une certaine élévation sur la montagne et viennent habiter plus bas un terrier creusé pour l'hiver. Elles s'y réfugient, après l'avoir muré, dans une sorte de nid bien feutré d'herbes et s'y engourdissent complètement jusqu'au printemps suivant. A leur réveil, leur poids n'a guère diminué que de 200 à 300 grammes.

Les montagnards les prennent dans leurs trous d'hiver et il n'est pas rare de voir en France et en Belgique, de jeunes enfants promener des Marmottes en vie, qu'ils nourrissent de grains, de pain et même de viande, en demandant l'aumône.

La Marmotte vit de 9 à 10 ans, lappe comme le chien en buvant et broute comme le lapin.

LOIR COMMUN

Le Loir adulte a, du museau à la naissance de la queue, $0^{m}14$ à $0^{m}16$ et environ $0^{m}13$ de queue; quatre doigts avec un pouce non développé aux pattes de devant, cinq doigts aux pattes de derrière. Son pelage est gris cendré soyeux en dessus et d'un blanc plus ou moins pur en dessous; il a des moustaches noires et quelques poils noirs autour des yeux, les oreilles moyennes, arrondies et très mobiles, les yeux noirâtres et proéminents, la queue entièrement grise avec raie blanchâtre en dessous, bien fournie de poils à l'instar de celle de l'Écureuil.

On le trouve dans la plupart des départements français du Centre et du Midi, même de l'Est, mais il est toujours assez rare; il est peut-être plus commun en Suisse, mais il n'existe probablement pas en Belgique. Il vit dans les forêts et se nourrit de toutes sortes de fruits, même de petits oiseaux. Son nid placé dans un arbre creux ou dans un trou de rocher ou de carrière est fait de mousse et de feuilles; il y entasse des provisions de fruits et de baies et, durant les grands froids, il s'y engourdit plus ou moins. En mars, il sort et l'accouplement se fait bientôt après. C'est en juin que la femelle met bas de deux à six petits.

Un Loir adulte tenu en captivité par M. Rollinat, d'Argenton, était au début très féroce et mordait cruellement, mais il s'habitua assez vite à recevoir sa nourriture qu'il finit par prendre même de la main de l'homme. Il était très friand de noix, noisettes, châtaignes, glands, fraises et pommes, tandis qu'il dédaignait le blé et l'avoine. Il refusa toujours les hannetons et autres coléoptères, ainsi que les œufs d'oiseaux, aussi les oisillons offerts morts ou vivants. Il poussait de temps en temps des cris rauques et souvent de petits cris flûtés. Ajoutons qu'un autre Loir, mis en cage par le même savant, mangeait parfaitement des œufs et des petits oiseaux.

Le Loir devient extrêmement gras. Il était autrefois, chez les Romains, un mets qu'on servait et qu'on appréciait sur les tables somptueuses.

Loir commun
Myoxus glis
Famille des MYOXIDES

Loir lérot
Myoxus nitela
Rat liron, *Rat houdot*, *Droumiant*, *Goux*, *Glay*
Famille des MYOXIDES

LOIR LÉROT

Plus petit que le Loir, le Lérot mesure seulement du museau au bout de la queue $0^{m}22$ à $0^{m}25$. En dessus, sa coloration est d'un brun roussâtre un peu violacé, blanchâtre en dessous; une bande noire part du museau, enveloppe l'œil, se bifurque à l'oreille et se termine au cou. Les oreilles sont assez longues, la queue longue noire dessus, blanche en dessous et couverte de poils assez courts à la base, mais touffue vers son extrémité. Il a, comme le Loir, quatre doigts avec un pouce non développé aux pattes de devant et cinq doigts aux pattes de derrière, et 20 dents.

Très commun presque partout en France, en Belgique et en Suisse, il vit dans les maisonnettes et les murailles des vergers et des jardins, sort surtout à la nuit tombante et commet de grands dégâts en attaquant les meilleurs fruits; il dévaste les nids des petits oiseaux et mange aussi à l'occasion des graines et des insectes.

Il se retire dans les trous de murs et bâtit quelquefois dans une haie épaisse ou dans les grands lierres grimpant aux murailles un nid de mousse en forme de boule, ou bien il s'établit dans un vieux nid de pie ou de merle. Il entre facilement dans les maisons habitées et dans les granges.

En mai ou juin, la femelle fait de trois à cinq petits qui grandissent assez vite; à l'automne, il fait ses provisions pour l'hiver, et le froid venu, s'engourdit dans un arbre creux, une cavité de carrière ou un trou de muraille. Les maçons qui démolissent, en hiver, de vieux bâtiments trouvent souvent, au milieu d'un mur, un interstice rempli de foin et sur ce lit d'herbes deux ou trois Lérots endormis, absolument inertes.

C'est un animal à détruire.

LOIR MUSCARDIN

De très petite taille, le Muscardin est à peine long de $0^{m}14$, a les parties supérieures d'un roux doré clair et les parties inférieures d'un blanc roussâtre, les oreilles arrondies, assez larges, la tête large, la queue poilue, plus touffue au bout; comme le Loir et le Lérot, il a 20 dents, quatre doigts avec le pouce non développé aux pattes de devant et cinq doigts aux pattes de derrière. A peine gros comme une petite souris, il est extrêmement vif et court avec prestesse sur les branches des arbres qu'il ne quitte guère.

En France, il semble assez rare partout, ce qui provient probablement du fait qu'il habite les bois épais et qu'on ne l'aperçoit guère parce qu'il ne sort que le soir. On l'a observé dans la France centrale, en Normandie, dans les provinces du Nord et dans certains autres départements, aussi en Belgique. En Suisse il est assez commun, de même que dans le Jura.

Il se nourrit de fruits, baies et graines et fait avec des feuilles et de la mousse un petit nid arrondi qu'il place dans les branches d'un arbuste épais ou dans un trou d'arbre. C'est là que la femelle, après une gestation de quatre semaines, met bas de deux à quatre petits. A l'automne, il s'occupe à ramasser des provisions, noisettes et graines, faînes et châtaignes, glands et baies de rosier, qu'il entasse dans une cavité d'arbre, puis il se fait un nid pour l'hiver, dans lequel il s'endort d'un sommeil profond, dès le mois d'octobre, pour se réveiller seulement en mai.

C'est un joli petit animal, pas nuisible et qu'on peut élever en cage. Il devient assez familier, mais ordinairement il ne vit pas longtemps en captivité.

Loir muscardin
Myoxus avellanarius
Muscardin
Famille des MYOXIDES

Rat surmulot
Mus decumanus
Rat d'égout
Famille des MURIDES

/\/\/\/\/\/\/\/\/\/\/\/\/\/\/\/\/\/\

RAT SURMULOT

Le Surmulot ou rat d'égout a, comme toutes les espèces du genre Rat, une tête moyenne à museau plutôt allongé, les oreilles grandes, les yeux assez grands, le corps allongé, les membres courts et seize dents. Son pelage est brun noirâtre ou roussâtre en dessus, blanchâtre ou grisâtre en dessous, sa queue brun roussâtre sale un peu plus courte que le corps, qui mesure de $0^{m}42$ à $0^{m}46$.

Venu en Europe de l'Asie centrale, le Surmulot est aujourd'hui répandu partout en France, en Belgique et en Suisse, toujours rare dans les campagnes mais extrèmement commun dans les villes, en particulier à Paris. Il fréquente les égouts, les abattoirs, les magasins, les caves, et se creuse des trous profonds dans les murailles, les écuries, les poulaillers, les cours. Il en sort parfois le jour, et chaque soir à la nuit tombante, pour rôder de tous côtés, mangeant tout ce qu'il trouve: débris de cuisine, provisions de toutes sortes, poissons, pigeons, petits poulets, cadavres d'animaux. Il attaque les petits lapins et poursuit le Rat noir jusqu'à l'exterminer. En général il demeure toujours près de terre et n'aime pas monter aux étages supérieurs des maisons et dans les greniers.

Très vigoureux et très brave, il mort cruellement, ne redoute aucunement les plus gros chats et se défend même contre certains chiens. Toutefois il se laisse prendre assez aisément dans les pièges et ne peut résister aux petits chiens très mordants qu'on dresse à lui faire la chasse.

La femelle fait, au fond d'un trou ou dans les tas de paille ou de bois, quatre ou cinq portées par an, chacun de cinq à treize petits. On doit donc lui faire une guerre sans merci, si on veut l'empêcher de pulluler d'une effrayante façon.

On observe assez souvent une variété noire.

RAT NOIR

C'est le Rat ordinaire, reconnaissable à son pelage tirant plus ou moins sur le noir en dessus, cendré blanchâtre en dessous, ses oreilles grandes et dénudées, sa queue extrêmement longue. Sa taille varie de $0^{m}40$ à $0^{m}42$ de longueur, dont $0^{m}20$ à $0^{m}22$ de queue.

Probablement originaire de l'Asie centrale, il existe en Europe depuis le moyen âge, tandis que la présence du Surmulot dans nos pays ne remonte pas à deux siècles. Il est commun partout dans les villes et dans les campagnes, mais dans beaucoup de grandes villes, il disparaît devant le Surmulot et là où il reste, il habite surtout les greniers.

Rusé et circonspect, il évite assez bien les pièges et on sait quels dégâts il commet dans les endroits où il est abondant. Il dévore les grains et toutes les provisions, ronge tout ce qui lui tombe sous la dent, perfore les murs et les parquets, et en cas de disette, mange même les autres Rats. Il est à son tour détruit par certains chats, d'autres hésitant à l'attaquer quand il est adulte, par les belettes, les hermines, les fouines et les rapaces nocturnes. Il court vite, nage bien et grimpe aux arbres avec adresse. Rarement, il s'éloigne des habitations, bien qu'à l'automne il aille volontiers visiter les jardins fruitiers.

Il se reproduit en toutes saisons, même en plein hiver, et la famille n'a pas plutôt élevé ses petits qu'elle fait une nouvelle portée de quatre à dix petits dans un trou, un tas de fagots, un amas de foin ou de paille.

Cette espèce est très variable. On trouve des Rats roux à ventre blanc, d'autres tout blancs ou en partie blancs. Faut-il, comme l'ont fait plusieurs zoologistes, considérer ces Rats roux à ventre blanc et d'autres de coloration un peu différente comme des espèces spéciales ou au moins des sous-espèces? Faut-il par exemple admettre que la forme appelée «Mus alexandrinus» est une autre espèce que le Rat noir? La question est encore douteuse. Ces espèces seraient, en tous cas, extrêmement voisines les unes des autres.

Rat noir
Mus rattus
Famille des MURIDES

Rat souris
Mus musculus
Souris
Famille des MURIDES

RAT SOURIS

La Souris est un petit animal en somme assez gracieux que tout le monde connaît, dont même certaines femmes ont grand'peur, sans savoir pourquoi. Elle est d'un gris plus ou moins foncé, avec de grandes oreilles dénudées et une longue queue. Adulte, elle mesure de $0^{m}16$ à $0^{m}20$.

On la trouve partout, elle pénètre dans les appartements habités, dans les armoires les mieux fermées, soit par un tout petit interstice, soit en rongeant elle-même le bois. Elle sort de son trou assez souvent le jour et toujours vers le soir, vivant de tous les reliefs qu'elle peut trouver dans les maisons. Tout lui est bon, soit pour manger, soit pour préparer une couchette à ses petits. C'est ainsi qu'elle rongera et réduira en miettes les papiers, le linge, les vêtements et touchera à toutes les provisions, grains et fruits. Malgré l'énorme destruction qu'en font les chats, tous les petits carnassiers, les oiseaux de proie et l'homme, au moyen de pièges variés, elle pullule partout.

Elle fait par an quatre à cinq portées, de chacune six à neuf petits qui grandissent en peu de jours et peuvent se reproduire un ou deux mois après leur naissance.

En Suisse, où elle est aussi commune qu'en France et en Belgique, on la rencontre encore à une grande hauteur sur les Alpes. Comme le remarque Fatio, elle n'est pas rare dans les chalets et les auberges à 2.700 mètres d'élévation, et elle y demeure toute l'année.

On trouve des Souris à pelage presque noir, ou isabelle, ou fauve, ou pie ou entièrement blanches. On a voulu voir une variété chez certains individus souvent de coloration gris fauve qui quitteraient les habitations plus volontiers que les autres pour fréquenter les champs du voisinage et les tas de paille des fermes, mais ces Souris sont bien analogues au type, et si, en tous cas, elles ressemblent un peu au Mulot, on les distinguera toujours à leur taille plus petite et parce qu'elles n'ont jamais au talon une tache foncée qui existe toujours chez le Mulot.

RAT MULOT

Le Mulot, dont la longueur atteint $0^{m}22$ à $0^{m}25$ a le pelage d'un brun plus ou moins foncé, ou d'un beau fauve roux sur le dos, plus clair sur les flancs, blanc ou grisâtre en dessous; une tache noirâtre au talon. Les jambes de derrière sont allongées, les oreilles grandes, les yeux très gros, la queue à peu près de la longueur du corps, d'un brun noirâtre en dessus, blanchâtre en dessous.

C'est certainement un joli petit animal dont la coloration varie beaucoup, suivant les individus, l'âge et les saisons; très commun, surtout dans les années sèches, dans les bois, les haies, les champs, où il se creuse des terriers peu profonds dans lesquels il amasse, à l'automne, une petite provision de grains. C'est aussi un pillard nuisible qui coupe sur pied les blés et les avoines, dévore les grains, déterre les glands et les châtaignes semés par les forestiers, attaque tous les fruits, recherche les insectes et les grenouilles, même les œufs et les petits des passereaux. Il détruit les nids des bourdons et comme ces insectes servent beaucoup à la fécondation de certaines plantes en transportant le pollen d'une fleur à l'autre, il cause ainsi un réel préjudice à l'agriculteur. Les Mulots se mangent même entre eux.

On constate qu'il circule beaucoup, aussi bien en hiver qu'en été, car il laisse sur la neige une empreinte très reconnaissable indiquant que, au contraire des autres espèces, il court par bonds en laissant traîner sa queue. Quand la gelée est persistante, il quitte son terrier et se retire sous les meules de paille, et même dans les écuries et les granges des fermes.

Du printemps à l'automne, la femelle fait trois à cinq portées, chacune de quatre à six petits, soit au fond de son terrier, soit sous un tas de fagots ou de fumier, dans un nid arrondi, assorti de paille et de foin. Souvent, elle s'accouple aussitôt la naissance des petits et pendant qu'elle allaite encore.

Ses ennemis sont nombreux, chiens, renards, chats, oiseaux de proie, serpents. Bien souvent, nous l'avons vu attaqué par une belette. Le petit carnassier le saisit brusquement au cou, quelques gouttes de sang paraissent et le Mulot agonise à l'instant.

Rat mulot
Mus sylvaticus
Mulot
Famille des MURIDES

Rat des moissons
Mus minutus
Famille des MURIDES

/\/\/\/\/\/\/\/\/\/\/\/\/\/\/\/\/\/\/\

RAT DES MOISSONS ou RAT NAIN

Sa longueur est à peine de 0^m12 à 0^m14, il est fauve sur le dos et blanc en dessous, avec les pieds fauve brunâtre, les oreilles assez courtes, la queue brune presque aussi longue que le surplus du corps, blanchâtre en dessous, les yeux moyens, les pieds allongés et blanchâtres.

Ce petit Rat nain, répandu partout en France et en Belgique, mais très rare en Suisse, habite les champs et les taillis où il est très peu ou assez commun, suivant les localités. Il se creuse un trou, mais souvent aussi passe sa vie dans les épais buissons, sous les tas de paille et au milieu des champs de blé, mangeant des graines et des insectes. Il grimpe avec une adresse extrême sur les arbustes et les tiges des céréales, et comme sa queue est un peu prenante, il s'en aide pour monter le long des brins de seigle et de froment.

Au commencement de l'été, il se construit un petit nid arrondi avec des brins d'herbes sèches entrelacés, à 40 ou 50 centimètres de hauteur, suspendu à un brin de taillis, à une branche d'aubépine ou à plusieurs tiges de seigle et de blé. Ce nid excite souvent l'étonnement de ceux qui ne connaissent pas le constructeur. La femelle y dépose quatre à huit petits et fait par an trois ou quatre portées.

L'hiver venu, il ne s'engourdit pas, mais se retire dans les meules de paille, ou même dans les granges et les écuries.

Ses ennemis sont les mêmes que ceux des autres Rats; nous l'avons même vu, surpris à terre par des poules et tué par elles à coups de bec.

CAMPAGNOL RAT D'EAU

Les Campagnols peuvent être appelés les Rats à queue courte; six espèces habitent la France, quatre ou cinq seulement se trouvent en Belgique et en Suisse.

Le Rat d'eau, le plus grand des Campagnols, est de taille relativement très forte, atteignant à l'état adulte une longueur d'au moins $0^{m}225$. Il est brun noirâtre en dessus, gris roux assez foncé en dessous, ses yeux sont moyens, ses oreilles courtes et assez larges, sa queue dépasse à peine la moitié de la longueur du corps.

Il habite toute l'Europe et est généralement commun en France, en Belgique et en Suisse, où on l'observe à 1.400 mètres d'altitude. Il se tient presque toujours le long des rivières, des ruisseaux, des étangs et des mares. Il s'y creuse, au niveau de l'eau, des garennes assez profondes reliées entre elles par des sentiers battus et des tunnels et vit de grenouilles, d'insectes, d'écrevisses, de poissons et surtout de racines et de tiges de plantes aquatiques, même de racines de légumes.

Peu farouche, il est prudent et se retire vite dans son trou, s'il est inquiété, ou bien plonge et nage avec une certaine rapidité.

La femelle, de deux à quatre fois l'an, met bas dans son terrier de deux à sept petits, le plus souvent de six à sept.

Cette espèce est variable de taille, de coloration et d'habitude. La race dite «Musignani ou destructor» est de couleur plus jaunâtre et remplace le type en Provence et en Italie. On lui a donné le nom de Campagnol destructeur parce que, à certaines époques, en Italie, cette race, chassée du bord des eaux par les inondations, a envahi les champs et saccagé les récoltes, les vignes et les jardins. Une autre forme appelée «Campagnol terrestre» est plus petite, plus claire, plus grise et a la queue plus courte que le type, mais elle appartient certainement à l'espèce ordinaire.

Campagnol Rat-d'eau
Arvicola amphibius
Famille des MURIDES

Campagnol agreste
Arvicola agrestis
Famille des MURIDES

CAMPAGNOL AGRESTE

Le Campagnol agreste mesure de 0^m14 à 0^m16 de longueur. Sa robe est d'un brun fauve ou brun clair en dessus, d'un gris clair en dessous, avec la queue d'environ le tiers du corps, franchement bicolore, noirâtre en dessus, blanchâtre en dessous. On le trouve partout en France, en Belgique et en Suisse, plus ou moins répandu suivant les années, parfois excessivement abondant, et alors il peut commettre d'énormes dégâts dans les récoltes. Une autre espèce très voisine, également très nuisible, le Campagnol des champs, «Arvicola arvalis Pallas» est plus petite (longueur du corps 0^m12 à 0^m15), plus fauve en dessus avec une ligne jaune aux flancs, avec la queue à peu près unicolore, jaunâtre, d'environ un quart de la longueur du corps. Plusieurs zoologistes ne font des deux types qu'une seule espèce.

Habitant les champs, il devient par moments excessivement commun et on voit à chaque pas ses terriers à plusieurs ouvertures, où il passe en partie la journée. Le soir venu, mais souvent aussi pendant le jour, il sort en quête de nourriture et ronge avec avidité les céréales dans les champs, les plantes potagères dans les jardins, les racines dans les prairies, ramassant sur le tard des provisions pour l'hiver. En certains cas, il est une véritable plaie pour l'agriculture.

Après une gestation de vingt jours, la femelle fait dans ses trous ou même dans un nid simplement caché sous les herbes, quatre à sept petits, puis recommence de nouvelles portées quatre à six fois. Au moment des gelées, il se retire sous les meules de paille et dans les bâtiments, mais il ne s'engourdit jamais, comme le prouvent ses traces très reconnaissables par les temps de neige, sa piste étant uniforme et non interrompue par des bonds, comme par exemple celle du Mulot.

On le prend facilement aux pièges. Beaucoup d'oiseaux de proie diurnes et nocturnes, la vipère, certaines couleuvres, les belettes, les chiens de berger qui les déterrent, en détruisent une énorme quantité, mais il est tellement prolifique que l'espèce est toujours commune.

On a essayé dans le Nord, l'Est et l'Ouest de la France, toutes sortes de moyens pour empêcher ses déprédations: pièges, trappes, poison; on a même répandu des boulettes contenant un bacille cultivé exprès, et les expériences ont prouvé qu'on pouvait ainsi en tuer d'énormes quantités.

CAMPAGNOL SOUTERRAIN

Le Campagnol souterrain, long de $0^{m}12$, est brun ou brun grisâtre en dessus, gris cendré en dessous, les oreilles nues et tellement courtes qu'on ne les distingue pas au-dessus des poils, les yeux très petits. De plus, alors que chez les autres Campagnols il y a toujours huit mamelles, le souterrain n'en a que quatre.

Cette espèce qu'on ne voit guère parce qu'elle est continuellement sous terre dans ses galeries nombreuses et profondes, est en réalité assez répandue, bien que localisée, en France et en Belgique. Fatio ne l'indique pas dans sa faune de la Suisse, mais elle s'y trouve très probablement. Elle vit dans les prés humides et les jardins où elle trouve sa nourriture consistant en racines potagères, céleri, carottes et autres, aussi dans les marécages et au bord des étangs, où elle dévore les racines des plantes aquatiques.

Après vingt jours de gestation, la femelle fait sa portée de deux à quatre petits, ce qui se renouvelle cinq à six fois par an.

Bien que ses habitudes souterraines mettent ce Campagnol à l'abri des attaques des animaux de proie et des hérons, il n'est jamais très répandu, détruit par les taupes qui le rencontrent sous terre, par les serpents qui vont le chercher dans son trou, par les belettes et aussi par les inondations qui envahissent souvent ses terriers.

Ses formes lourdes et ramassées, la brièveté des oreilles et de sa queue, la petitesse de ses yeux, le nombre des mamelles, ont décidé les zoologistes à le classer dans un genre différent de celui des autres Campagnols, le genre «Microtus Selys». On a également décrit sous les noms de Campagnol incertain et Campagnol des Pyrénées des formes très voisines, habitant les montagnes, qui appartiennent évidemment à cette espèce; aussi, sous les noms de «Arvicola gerbei Del'isle», «Selysii Gerbe», «Savii Silys», des variétés très légèrement différentes, surtout par leur coloration.

Campagnol souterrain
Arvicola subterraneus
Famille des MURIDES

Lièvre commun
Lepus timidus
Famille des LEPORIDES

LIÈVRE COMMUN

Tout le monde connaît le Lièvre avec son pelage fauve variant du gris au brun, ses flancs fauves ainsi que la gorge, le dessous du corps blanc, le bout des oreilles noir, la queue très courte et très velue, noire dessus, blanche dessous. Le mâle est ordinairement plus blanchâtre et plus roux, la femelle plus grise. La longueur moyenne d'un adulte français est de $0^{m}70$, et son poids de 7 à 8 livres; les Lièvres suisses sont plus grands et atteignent 9 et même 12 livres.

Le Lièvre est devenu rare dans beaucoup de départements, excessivement rare dans plusieurs du midi, commun dans certains autres et dans plusieurs provinces belges, mais là où il n'est pas protégé au moyen des chasses gardées, il diminue promptement de nombre, étant donné la chasse acharnée que lui font l'homme avec le fusil et les collets, les chiens, les renards, tous les mustelidés, les chats, les oiseaux de proie diurnes et nocturnes.

Il habite les champs et les bois et, suivant la saison, la température et des habitudes individuelles, se gîte en des endroits variés. Il aime les terrains secs et pourtant il se cache parfois en des places tellement marécageuses qu'il est presque couché dans l'eau. Son gîte est un petit emplacement battu, plus ou moins recouvert par des mottes de terre, des plantes vertes ou des ronces, quelquefois tout à découvert. D'ordinaire, il demeure en repos pendant toute la journée, tapis et gîté dans un sillon ou dans les broussailles, et se met en mouvement, au crépuscule, pour brouter toutes sortes de végétaux. S'il n'est pas dérangé, il retourne, dès les premières lueurs du jour, à son ancien gîte ou en fait un nouveau à peu de distance, fréquente toujours la même contrée, où si les mâles s'éloignent pendant quelques jours, ils ne tardent pas à y revenir.

La chasse du Lièvre aux chiens courants est particulièrement intéressante, l'animal essayant, au moyen d'une foule de ruses instinctives, de dépister les chiens. Il a l'ouïe excessivement fine, mais la vue mauvaise en ce sens qu'il voit mal devant lui et qu'il viendra, par exemple, tout droit jusqu'aux pieds du chasseur, si celui-ci demeure immobile.

Il est polygame et les mâles se livrent de violents combats; le rut durant toute l'année, on trouve des femelles pleines en toutes saisons et souvent une hase, nom de la femelle, s'accouple quand elle nourrit encore ses petits. Le nombre des portées est de deux à quatre, de chacune deux ou trois petits, très rarement quatre. Les jeunes qui croissent vite sont déjà aptes à reproduire au bout de huit ou neuf mois.

La gestation dure un mois. Les petits sont déposés dans un fourré, sous d'épaisses ronces, au fond d'un fossé, sous des bruyères, tandis que la mère ne reste pas avec eux et se gîte à peu de distance. Dès qu'ils peuvent courir, les levraults se cachent aux environs et accourent lorsque la femelle fait entendre un cri d'appel très particulier. Autrement, le Lièvre est une bête muette qui pousse son cri de détresse seulement lorsqu'il est saisi par un ennemi.

On trouve des cas d'albinisme plus ou moins complet.

LIÈVRE CHANGEANT

Cette espèce diffère de l'espèce commune en ce que la taille est un peu inférieure, les oreilles plus courtes et la coloration variable, l'animal étant, en été, d'un gris fauve ou roux avec la queue grise ou blanche, et devenant, en hiver, entièrement blanc, le bout des oreilles demeurant noir en toutes saisons. La livrée d'hiver commence à se montrer à la fin de septembre au moyen de la croissance de nouveaux poils; la livrée d'été reparaît à la fin de mars. Dans l'état de transition, l'animal paraît comme saupoudré de gris.

Il se rapproche plus du Lapin que ne fait le Lièvre ordinaire.

Cette forme, inconnue en Belgique et dans la plus grande partie de la France, se trouve seulement dans les montagnes des Alpes et des Pyrénées; encore, dit-on, ce qui n'est pas prouvé, que les Lièvres des Alpes sont un peu différents de ceux des Pyrénées.

Le Lièvre variable a tout à fait les habitudes et les mœurs de notre Lièvre; il ne quitte jamais les endroits montagneux et monte jusqu'à 3.200^{m} d'altitude en Suisse. La femelle fait, au mois d'avril, une première portée de deux à quatre petits, suivie d'une seconde, rarement d'une troisième.

Sa chair ne vaut pas celle du Lièvre ordinaire, mais il est, comme son congénère, pourchassé par l'homme, les renards et les aigles. Pourtant, la variation de son pelage lui est évidemment très utile pour se dissimuler aux yeux de ses ennemis. En effet, au moment où la neige commence à couvrir la terre, son pelage s'est moucheté de blanc et bientôt après il est d'un blanc pur, sauf le bout des oreilles, si bien qu'il est très malaisé de l'apercevoir gîté sous une pierre ou sous des racines.

Fatio dit qu'en Suisse cette espèce s'accouple de temps en temps avec l'espèce commune et il a vu des hybrides sauvages. Elle serait moins solitaire que notre Lièvre et se réunirait parfois en petites compagnies pendant la mauvaise saison.

Lièvre changeant
Lepus variabilis
Lièvre blanc
Famille des LEPORIDES

Lièvre lapin
Lepus cuniculus
Lapin
Famille des LEPORIDES

LIÈVRE LAPIN

Le Lapin sauvage est de coloration grise plus ou moins brune en dessus, fauve rousse à l'occiput et sur le cou; ses oreilles plus courtes que la tête sont entièrement grises; la queue noirâtre en dessus est blanche en dessous. La longueur du corps d'un adulte est d'environ $0^{m}46$.

Le Lapin est répandu partout, mais tandis qu'il pullule en beaucoup de localités, il est rare dans d'autres et ne réussit pas toujours là où on essaie de l'acclimater. On sait qu'il se creuse des terriers profonds; pourtant, quand il n'est pas trop inquiété par les renards et par les chiens et quand les belettes et les putois qui visitent ses terriers sont nombreux dans la contrée, il prend l'habitude de vivre sans trou et se défend en vivant au milieu des buissons ou en se jetant dans un trou de hasard, même dans un arbre creux.

Il est essentiellement polygame et les mâles se battent à chaque instant. Lorsque, après un mois de gestation, la femelle veut mettre bas, elle creuse un trou peu profond, dit rabouillère, dans lequel elle entasse des herbes qu'elle revêt d'une épaisse couche de ses poils et y dépose de trois à sept petits. Elle fait, suivant son âge, de quatre à six portées par an. Si elle s'éloigne de son nid, elle le recouvre de poils et bouche l'entrée. Jamais elle ne fait ses petits dans son terrier ordinaire, car le mâle qui les trouverait les tuerait immédiatement.

Dans certaines chasses gardées, on tue les lapins par milliers; ailleurs, on les chasse au chien d'arrêt, aux chiens courants et, quand ils sont terrés, on essaie de les faire sortir avec un furet.

La variété noire du Lapin sauvage n'est pas très rare, les variétés isabelle et blanche sont beaucoup moins communes.

Le Lapin a été domestiqué depuis longtemps et l'homme, au moyen de la sélection, a créé de nombreuses races bien fixées, remarquables par leur coloration ou par leur taille qui peut devenir énorme.

Un fait certain, c'est que le Lièvre et le Lapin ne se sont jamais croisés à l'état libre, mais on a prétendu être parvenu à faire accoupler le lièvre mâle avec la lapine et avoir ainsi obtenu des hybrides dits «Léporides». Il semblerait qu'on dût admettre l'affirmation d'éleveurs qui disent avoir obtenu ces produits, mais d'autre part le fait est nié énergiquement par la plupart des zoologistes et il a toujours été prouvé que les animaux présentés comme léporides n'étaient, après examen des os et des viscères, que des lapins. On doit donc, jusqu'à présent, mettre en doute l'existence du croisement des deux espèces.

CHAT SAUVAGE

Le Chat sauvage est revêtu d'un pelage épais et soyeux, gris un peu fauve marqué de bandes noirâtres, avec une raie noire sur le dos; le menton, la gorge et les côtés du nez blanchâtres; la queue de grosseur uniforme annelée et terminée de noir. La longueur de son corps est de $0^{m}70$, celle de la queue de $0^{m}35$: la hauteur au garrot de $0^{m}35$ à $0^{m}40$. On a vu des mâles adultes peser jusqu'à 12 kilog., tandis que les femelles, toujours plus petites et plus fauves, ne dépassent guère la moitié de ce poids.

Commun en France, en Belgique, en Suisse, il y a un siècle et moins, il est devenu beaucoup plus rare. Il se tient dans les bois et se loge dans les cavités des rochers, les gros arbres creux ou les vieux trous de blaireaux et de renards. Rarement il sort pendant le jour, mais il se met en chasse dès le crépuscule, poursuit et guette alors les lièvres, lapins, rats, écureuils, oiseaux de toutes sortes et attaque même les jeunes chevreuils: on ne le voit jamais près des fermes parce qu'il n'ose pas s'aventurer hors des fourrés, au contraire de nos chats devenus à demi-sauvages.

Chassé par des chiens courants, il se fait ordinairement battre pendant une demi-heure, puis grimpe sur un arbre pour s'y cacher derrière une grosse branche, dans une cavité du tronc ou sur un vieux nid de pie. Il sait alors se ramasser et se dissimuler si bien que, malgré sa grande taille, il est assez difficile de l'apercevoir. Blessé, il devient redoutable et se défend avec énergie.

Des chasseurs ayant, au mois de décembre, lancé un renard, le firent terrer dans un trou où se trouvait déjà un chat d'environ 6 kilos. A la suite d'une bataille, le renard finit par étrangler le chat, mais il est certain qu'un renard doit rarement venir à bout d'un adversaire aussi vigoureux.

Parfois, lorsqu'il chasse pendant le jour, les pies, corbeaux et geais le poursuivent de leurs cris, ce qui éveille l'attention des chasseurs et devient souvent la cause de sa perte.

Il est polygame et les mâles sont plus nombreux que les femelles, puisque, sur vingt animaux, nous avons trouvé dix-sept mâles, et d'autres constatations ont donné le même résultat.

Neuf semaines après l'accouplement qui a lieu à la fin de l'hiver, la femelle fait, vers le mois d'avril, trois ou quatre petits dans un vieil arbre creux, dans une cavité de rocher ou à terre, dans un fourré impénétrable.

Le Chat sauvage s'accouple quelquefois avec les chats domestiques qui ont repris dans les bois la vie errante, mais ces derniers, qui savent moins bien se défendre, périssent toujours rapidement de male mort. Toutefois, on trouve de loin en loin des chats qui sont évidemment des métis.

Chat sauvage
Felis catus
Famille des FELIDES

Genette vulgaire
Genetta vulgaris
Famille des VIVERRIDES

GENETTE VULGAIRE

La Genette, qui seule représente chez nous la famille des Viverridés, a la tête longue et fine, les oreilles longues, le corps long et souple, les membres assez hauts avec des ongles à demi rétractiles pointus. Son pelage est gris cendré, marqueté de nombreuses taches noires, sauf à la gorge, à la poitrine et au ventre; le dos porte une raie noire; la queue est annelée de noir: le menton et le museau sont noirs. Deux glandes placées près de l'anus répandent une odeur musquée, plutôt très agréable.

Le corps sans la queue mesure $0^{m}47$, la queue $0^{m}41$; la hauteur au garrot est de $0^{m}19$.

La Genette est une bête extrêmement gracieuse, vive, légère et vigoureuse qui, d'apparence, tient le milieu entre les chats et les mustelidés. Elle se trouve en France, surtout au sud de la Loire jusqu'en Espagne, et à l'Est ne dépasse pas le Rhône. On l'a cependant observée dans plusieurs départements au nord de la Loire. Elle n'existe ni en Suisse ni en Belgique. Elle est rare dans la plupart des départements où on la trouve, sauf dans quelques localités du Centre et de l'Ouest où on l'observe assez fréquemment, tandis qu'en Vendée elle paraît très commune, puisque, en 1909, un même envoi fait de ce département à Paris contenait 14 Genettes.

Elle vit dans les grandes forêts et n'en sort guère pour se rapprocher des habitations. Elle chasse la nuit, se glisse dans les fourrés, grimpe parfaitement aux arbres et se nourrit de toutes sortes d'oiseaux et de petits mammifères.

Surprise par les chiens ou par l'homme, elle se perche immédiatement et cherche à se dissimuler dans le feuillage; ce qui lui est facile à cause de sa coloration. Parfois, elle se laisse chasser un instant et s'introduit dans la cavité d'un vieux chêne. Elle se prend facilement dans les assommoirs tendus par les gardes.

Sa portée est de deux petits, rarement trois, qu'elle dépose sur un lit de feuillage dans un gros tronc d'arbre ou dans un trou de blaireau.

MARTE FOUINE

La Fouine ressemble beaucoup à la Marte des sapins; chez elle le dessus du corps est brun, la gorge, le dessous du cou et la partie antérieure de la poitrine d'un blanc pur, la queue, garnie de longs poils, est d'un brun foncé. Sa longueur est de 0^m68 à 0^m73; sa queue seule est longue de 0^m25.

Très commune presque partout, la Fouine vit isolée ou par couples dans les bois et, à certains moments, dans les granges, les bâtiments abandonnés et jusque dans les greniers des petites villes. Elle chasse la nuit et se nourrit de toutes sortes d'oiseaux, de petits mammifères, de volailles, de fruits et d'œufs. Quand elle a enlevé des œufs dans un poulailler, elle les cache soigneusement, souvent dans des endroits inaccessibles et va ensuite les manger quand elle a faim. Elle est d'une extrême agilité et grimpe aux arbres et le long des murailles avec une prestesse remarquable.

Le chasseur aux chiens courants lève souvent dans les forêts une Fouine qui se fait battre sans quitter les fourrés les plus épais et qui, trop vivement poussée, grimpe au sommet d'un arbre où elle se dissimule dans une cavité ou dans un vieux nid de pie. Mais c'est surtout l'hiver qu'on détruit les Fouines en grandes quantités, en les cherchant dans les granges et bâtiments des campagnes remplis de bois, de paille ou de foin. En certains départements, des gens font métier, pendant quatre mois d'hiver, de rechercher ainsi les Fouines; ils ont avec eux plusieurs petits chiens sans race qui, une fois dressés, suivent intrépidement avec ardeur leur gibier sous les fagots, sur les poutres, même sur les toits. Le tireur a souvent alors l'occasion d'apercevoir la bête qui pourtant se défend avec habileté. Ces chasseurs vendent généralement la peau d'une Fouine de 15 à 25 francs, et plusieurs se font, de cette manière, un revenu important. On la prend aussi à l'aide de pièges amorcés d'un œuf ou d'une pomme.

La Fouine n'a guère d'autre ennemi que l'homme; aussi, elle pullule là où on ne la détruit pas.

C'est en avril, mai et juin que, après une gestation de neuf semaines, elle met bas deux à cinq petits sur un lit de mousse, de feuilles et d'herbes, établi dans un grenier, et plus souvent dans un tas de fagots ou dans un arbre creux.

On rencontre de loin en loin des Fouines dont le pelage est en partie blanc ou de couleur isabelle.

Marte fouine
Martes foina
Foin, *Madrai*
Famille des MUSTELIDES

Marte des sapins
Martes abietum
Famille des MUSTELIDES

/\/\/\/\/\/\/\/\/\/\/\/\/\/\/\/\/\

MARTE DES SAPINS

Comme la Fouine, la Marte a la tête assez large avec le museau un peu pointu, les oreilles arrondies assez courtes, les yeux moyens, le corps long et souple, la queue longue, la marche semi-plantigrade, presque digitigrade, c'est-à-dire qu'elle marche en partie sur les doigts et en partie sur la plante des pieds. Elle a le dessus du corps brun foncé, la gorge, le dessus du cou et la partie antérieure de la poitrine d'un jaune clair orangé. Les poils de la queue sont plus longs que chez la Fouine, les pieds plus velus en dessous, les membres plus robustes.

Sa longueur est de $0^{m}70$ à $0^{m}74$, celle de la queue seule est de $0^{m}25$.

La Marte se trouve presque partout en France, dans les grandes forêts, mais elle n'est commune nulle part et peut même être dite tout à fait rare dans les départements du Midi. En Belgique, elle n'habite que dans l'Ardenne et n'est pas trop rare en Suisse. Elle ne pénètre à peu près jamais dans les bâtiments et habitations et demeure dans les endroits les plus sauvages où elle passe la journée, cachée dans une cavité d'arbre ou dans un fourré impénétrable. La nuit, elle chasse aux oiseaux, à tous les petits mammifères et ne dédaigne pas les fruits et le miel. Elle cache même, comme fait aussi la Fouine, des œufs d'animaux dans des troncs d'arbres ou de rochers pour les manger plus tard. Elle est d'une agilité merveilleuse et passe sur les arbres une partie de sa vie.

Levée par les chiens, elle file dans les coulées feuillues des bois et grimpe rapidement au sommet d'un grand arbre où elle se cache le mieux possible. Lorsqu'elle s'arrête pour écouter, elle aime à s'asseoir sur son train de derrière, à l'instar de l'écureuil.

Ordinairement, elle vit par couples et fait ses petits au nombre de trois à cinq dans un tronc d'arbre, une anfractuosité de rocher ou un tas de fagots, au mois d'avril ou de mai. La gestation est de neuf semaines.

On en trouve de couleur isabelle. Sa fourrure est encore plus estimée que celle de la Fouine. Comme cette dernière, c'est une bête très nuisible qui détruit beaucoup de gibier, mais comme elle est très rare, sa destruction s'impose moins que celle de la Fouine qui, très commune, tue aussi le petit gibier et de plus dévaste les poulaillers.

BELETTE COMMUNE

Ce petit animal a la tête assez courte, les oreilles petites et arrondies, les yeux moyens, la queue fauve courte ou assez courte, le corps très allongé; sa marche est presque digitigrade. Son pelage est roux ou fauve, parfois plus ou moins brun, sa gorge et ses parties inférieures blanches. Elle mesure de 0^m17 à 0^m20 de longueur, la queue seule est longue de 0^m04 à 0^m06.

Très commune partout, elle habite les haies épaisses, les ronciers, la lisière des bois, les tas de pierres, entre au besoin dans les fermes à la recherche des petits rongeurs, attaque les lièvres et les lapins, les perdrix et les oiseaux, pille les nids, visite les terriers des campagnols et des mulots qu'elle tue en un clin d'œil, et emporte souvent sa proie dans son terrier, un trou de mulot qu'elle a choisi pour s'y retirer et dans lequel elle amasse parfois jusqu'à huit à dix cadavres frais de petits rongeurs. Elle s'introduit même dans les galeries des taupes, saisit les alouettes prises dans les lacets des tendeurs et, quand elle a faim, ne dédaigne pas les grenouilles, les lézards et les orvets. En un mot, elle dévore toutes espèces de petites bêtes vivantes, parfois beaucoup plus grosses qu'elle-même.

Elle est certainement utile, parce qu'elle détruit une énorme quantité de campagnols et petits animaux malfaisants, mais elle est encore plus nuisible à cause de la masse de gibier, de petits oiseaux et de lézards qu'elle tue.

Elle court vite par suite de petits bonds, pénètre partout grâce à sa petite taille et à son agilité, mais elle ne grimpe pas aux arbres.

L'appariage a lieu en mars et après une gestation de cinq semaines, la femelle fait dans le pied d'un arbre creux ou sous de grosses pierres trois à six petits.

On observe de temps à autre des Belettes albinos; et en Suisse, on trouve, pendant l'hiver, des individus ayant pris une livrée grisâtre sans cependant être jamais blanche.

Sa fourrure ne sert à rien.

Belette commune
Mustela vulgaris
Marcotte Mussoèle
Famille des MUSTELIDES

Belette hermine
Mustela herminea
Famille des MUSTELIDES

BELETTE HERMINE

L'Hermine notablement plus grande que la Belette (longueur du corps 0^m25 à 0^m28, avec la queue de 0^m12 à 0^m13) est plutôt très répandue partout et cependant mal connue. Son pelage varie beaucoup selon les saisons: En été, il est d'un brun roux avec le bout de la queue noir et toutes les parties inférieures blanches; en hiver, il devient d'un blanc pur, sauf le bout de la queue qui reste noir, mais beaucoup de sujets, en France et en Belgique, ne deviennent pas entièrement blancs et gardent un pelage légèrement marbré ou tapiré de roux. Dans le Nord, au contraire, elle devient entièrement blanche, sauf l'extrémité de la queue.

L'Hermine habite presque toute la France, elle est commune dans le Nord et une partie du Centre, plus rare dans l'Ouest et le Midi, assez répandue en Suisse et inconnue en Provence.

Bien moins connue que la Belette avec laquelle on la confond, elle vit dans les bois, les taillis rocailleux, les haies touffues, s'introduit dans les greniers et donne la chasse à tous les petits rongeurs jusqu'au lièvre, aux oiseaux, aux lézards, mange les œufs, mais attaque rarement les volailles. Elle fait une telle guerre aux lapins qu'elle pourchasse au fond de leurs terriers qu'en certaines garennes elle les détruit jusqu'au dernier en peu de temps. On trouve souvent des œufs de poule bien cachés dans quelque endroit retiré. C'est l'Hermine ou la Fouine qui les ont ainsi transportés et dissimulés pour les retrouver en cas de besoin; et on se demande comment un si petit animal peut porter si loin, sans le briser, un objet aussi difficile à saisir qu'un gros œuf de poule.

La femelle met bas, en avril et mai, cinq à six petits, le plus souvent dans une cavité basse d'arbre, car elle grimpe mal.

Cette espèce varie beaucoup de taille; les individus du Nord sont beaucoup plus grands que ceux du Centre.

Sa fourrure d'été ne peut servir à rien, mais celle d'hiver a une valeur importante.

BELETTE PUTOIS

Le Putois, long de 0^m40 (queue 0^m17), a le pelage brun noirâtre en apparence, mais ce pelage est composé d'une épaisse fourrure jaunâtre surmontée de longs poils noirâtres; les oreilles sont petites, bordées de blanc; entre l'œil et l'oreille une grande tache blanchâtre; une bande blanchâtre entourant les lèvres et s'élargissant un peu de chaque côté du nez et sous le menton; la queue noire. Des glandes placées près de l'anus répandent une odeur pénétrante.

C'est une espèce commune partout en France, en Belgique et en Suisse, dans les bois, les lieux couverts de rochers et de carrières abandonnées, et même exceptionnellement dans les greniers des fermes. Le mâle et la femelle vivent ensemble pendant la plus grande partie de l'année.

Surtout à la nuit, le Putois sort de l'arbre creux, du trou de rocher, du tas de pierres ou du terrier de lapin qui lui sert de demeure pour aller à la recherche des rongeurs, oiseaux, grenouilles, serpents ou mollusques qui composent sa nourriture. Quand il est dans le voisinage de fermes, il s'introduit dans les poulaillers pour y manger les œufs, et dans les garennes il est la terreur des lapins.

Vers le mois de mai, la femelle, après deux mois de gestation, dépose dans un nid grossièrement fait, sous un tas de fagots, dans un arbre creux ou un terrier approprié par elle, quatre à sept petits qu'elle mène bientôt avec elle pourchasser les lapins jusqu'au fond de leurs galeries.

On le prend assez facilement aux pièges et les chasseurs le tuent lorsque assez souvent ils le rencontrent dans les bois ou les buissons. Sa fourrure n'a qu'une très mince valeur.

En captivité il est toujours très farouche et nous ne connaissons pas d'exemple qu'on ait pu l'apprivoiser. Et pourtant le Furet domestique n'est évidemment qu'un Putois!

Un Putois à tête blanche a été tué dans le département de l'Indre.

Belette putois
Mustela putorius
Putias, *Ficheux*, *Chat pitois*
Famille des MUSTELIDES

Furet commun
Mustela furo
Famille des MUSTELIDES

FURET COMMUN

Le Furet n'est certainement pas une espèce distincte du Putois (*Mustela putorius* L.); ce n'est pas autre chose que le Putois élevé par l'homme en captivité et dressé par lui à chasser les lapins au fond de leurs terriers. Il lui ressemble, du reste, presque absolument, s'accouple avec lui et produit des métis féconds, tantôt ayant une coloration à peu près identique à celle du Putois, tantôt une couleur plus claire, tantôt ayant le pelage blanchâtre ou jaunâtre des animaux albinos, d'autant mieux que le pelage se modifie très facilement chez les animaux domestiques.

On a dit qu'il pouvait provenir d'une espèce éteinte, ce qui n'est pas probable, ou d'une espèce de Putois d'Afrique, mais comme cette prétendue espèce n'existe pas et que rien ne prouve qu'elle ait existé autrefois, on doit le considérer simplement comme la race domestique du Putois.

Le Furet passe sa vie à dormir et à manger. On le nourrit de lait, de pain trempé, de viande; il dévore avidement les petits oiseaux. Il se laisse manier facilement et est généralement assez doux. S'il s'échappe et recouvre la liberté, à laquelle il n'est pas habitué, il languit et périt vite victime d'un accident. Nous en avons vu plusieurs, égarés dans les champs, harcelés et même tués par les pies et les corbeaux qu'ils ne savaient pas éviter.

On l'emploie uniquement à la chasse du lapin. Placé à l'entrée du trou, il s'y glisse et pénètre jusqu'au fond des galeries. Là, il saisit le lapin ou le force à sortir pour se présenter au filet ou au fusil du chasseur.

BELETTE VISON

Formes à peu près comme celles du Putois. Pelage entièrement brun foncé, plus sombre sur les parties supérieures, sans bourre jaunâtre; queue noirâtre proportionnellement moins touffue et plus longue que chez l'espèce précédente, le corps un peu plus allongé; la couleur blanche s'étendant seulement autour des lèvres, de chaque côté du museau et au menton, les pieds à demi palmés. Il a, de même que le Putois, une odeur très forte et très persistante. On l'en distinguera à sa tête un peu plus fine, un peu plus courte, à son pelage plus égal et à la demi-palmure de ses doigts.

Son corps mesure $0^{m}35$ à $0^{m}37$ de longueur, sa queue de $0^{m}15$ à $0^{m}19$.

Le Vison, appelé aussi Minck ou Norek, est un Putois adapté à la vie aquatique. On l'a observé en France dans le Centre et presque partout dans l'Ouest, dans la Gironde, en Bretagne, où il est même commun en Ille-et-Vilaine, en Normandie, dans l'Oise, dans les Vosges. Comme, du reste, il se plaît dans les pays d'étangs, il ne se trouve guère que dans les contrées plus ou moins marécageuses et on le chercherait en vain dans les localités sèches. C'est pourquoi on le voit seulement là où coulent des rivières lentes et où s'étendent des eaux stagnantes. Il se creuse un terrier dans les berges des étangs entourés de bois, nage et plonge à la perfection et poursuit dans l'eau les poissons, les grenouilles, les rats d'eau ou essaie sur les rives de capturer des oiseaux ou des lapins. Quand il est surpris à terre, il se jette immédiatement à l'eau, à la manière de la Loutre, tandis que le Putois cherchera toujours un refuge dans les buissons voisins.

En avril-mai, la femelle met bas trois à six petits.

Un Vison captif est demeuré toujours farouche, refusait la viande et se nourrissait seulement de poissons.

En fait, cette espèce est, par ses formes, tout à fait près du Putois, tandis que, par ses mœurs et sa coloration, elle est très voisine de la Loutre.

Belette vison
Mustela lutreola
Famille des MUSTELIDES

Loutre vulgaire
Lutra vulgaris
Famille des MUSTELIDES

LOUTRE VULGAIRE

La Loutre a la tête large, le museau très large et assez court, les yeux petits, les oreilles très petites et arrondies, les pieds palmés, la queue très large à sa base, très robuste, longue et amincie peu à peu au bout. Sa marche est à peu près plantigrade. Le pelage fourré est brun, sauf la poitrine et le ventre qui sont brun-grisâtre, la gorge, les joues et le museau qui sont plus ou moins gris; la taille est de $0^{m}80$ de longueur, la queue mesurant $0^{m}40$.

La Loutre habite l'Europe entière et une partie de l'Asie. C'est une bête qu'on ne voit guère et qui est pourtant assez commune sur beaucoup de rivières, de ruisseaux et d'étangs. Elle est, du reste, assez nomade et apparaît dans les localités où on ne la voyait pas auparavant.

Les Loutres de rivière se creusent dans les berges des terriers profonds à plusieurs ouvertures dont une au moins donne sous l'eau. Elles sortent peu dans le jour et se mettent en chasse à la nuit close; elles s'aventurent alors, en suivant le fil de l'eau, jusqu'au milieu des villes puisqu'on en trouve parfois dans les nasses à poisson où elles sont entrées et se sont noyées.

Celles qui habitent de vastes marais sauvages n'ont pas de trou. Elles chassent surtout la nuit et font, durant la journée, la sieste, couchées sur une motte herbue où le chasseur peut les surprendre par un temps chaud. Quelques-unes se cachent, le jour, dans les bois épais à proximité d'un étang et aussitôt dérangées filent avec rapidité directement vers l'eau. Il existe en France quelques équipages de chiens courants spéciaux qui la lèvent et la suivent sur les petites rivières; c'est une chasse difficile et intéressante qui ne peut avoir lieu que de loin en loin, parce que l'animal est assez rare et malaisé à rencontrer.

Elles nagent admirablement et peuvent demeurer sous l'eau au moins une minute. Leur nourriture consiste surtout en poisson, mais au besoin elles attaqueront les oiseaux et les lièvres. Elles détruisent une très grande quantité de gros poissons, aussi sont-elles considérées comme très nuisibles par les pêcheurs et propriétaires d'étangs.

La femelle porte neuf semaines, fait probablement deux portées par an de chacune deux ou trois petits et met bas en toutes les saisons, car on trouve, en décembre et janvier, sur la surface glacée des étangs, de gros nids d'herbes aquatiques dans lesquels reposent les petits nouvellement nés. Près du nid est un trou dans la glace par où plonge la mère.

En captivité la Loutre s'apprivoise bien et peut même être dressée à chasser le poisson pour son maître.

On a observé des Loutres albinos ou tapirées de blanc.

BLAIREAU COMMUN

Le Blaireau, animal de $0^{m}76$ de longueur avec $0^{m}17$ de queue, a la tête blanche surmontée de deux bandes d'un brun noir partant du museau et rejoignant l'occiput en couvrant chacune un œil, cette tête assez petite relativement au corps qui est gros, trapu, assez allongé, couvert de longs poils durs, blancs à la base, noirs dans leur tiers supérieur et blancs à l'extrémité, avec, dessous, une fourrure blanchâtre. Les membres, le dessous de la gorge, du cou et de la poitrine sont noirs ou d'un brun noir, les yeux assez petits, les oreilles petites et rondes, la marche presque plantigrade.

Le Blaireau, rare en certaines contrées, est très commun en d'autres; on le rencontre d'une façon générale presque partout en France, en Belgique, en Suisse. Il habite les bois, les vignes où se trouvent des carrières et les coteaux rocheux. Fouisseur de premier ordre, il se creuse de longs terriers, le plus souvent sous des rochers et y vit seul ou en famille. Il est certainement monogame, car le mâle et la femelle vivent ensemble en toute saison.

Il est omnivore et mange tout ce qu'il trouve: cerises, fraises, raisins, noix, glands, miel des bourdons, insectes de toutes sortes, notamment les grillons, lézards, serpents, même les vipères, grenouilles, petits mammifères et petits oiseaux; il est nuisible parce qu'il détruit beaucoup de jeunes lièvres, lapins et perdreaux et cause dans les vignes de grands dégâts.

Les chasseurs le tuent rarement parce qu'il demeure ordinairement au fond de son terrier pour n'en sortir qu'à la nuit tombante avec des précautions extrêmes. Il semble redouter le piège ou l'affûteur autour de sa retraite; aussi est-il difficile de le tirer au sortir de son trou, tandis que, une fois en quête de nourriture, il est beaucoup moins soupçonneux, et si, parcourant un bois, au clair de lune, il aperçoit un homme, il s'arrête à peu de distance en flairant d'un air étonné. Lorsque par un beau temps il ne rentre pas au terrier, il se cache pour la journée au plus épais d'un fourré ou sous un aqueduc à sec, mais s'il est dérangé, il file droit sur son logis. En général, il rentre chez lui au petit jour. L'hiver, il sort très peu.

On le chasse aussi avec des petits chiens très mordants qui vont le chercher sous terre et indiquent par leurs aboiements la place qu'il occupe aux chasseurs qui piochent le sol pour arriver jusqu'à lui. Mais c'est pour les hommes un dur travail et pour les chiens une besogne dangereuse, car le trou est profond et le Blaireau qui a la mâchoire d'une grande puissance, se défend courageusement et mord avec une extrême ténacité.

La femelle porte dix à douze semaines, et de décembre à mars, met bas dans son trou, de trois à cinq petits.

Les chasseurs et les paysans distinguent les Blaireaux à tête de chien et ceux à tête de cochon, cette distinction ne repose que sur l'état de maigreur ou d'embonpoint de l'animal.

Sur la planche, lire «Taisson» et non «Faisson».

Blaireau commun
Meles taxus
Faisson, Grisard
Famille des MUSTELIDES

Ours brun
Ursus arctos
Famille des URSIDES

/\/\/\/\/\/\/\/\/\/\/\/\/\/\/\/\/\/\/\

OURS BRUN

L'Ours brun a la tête voûtée et grosse, les yeux petits, les oreilles courtes et velues, le museau allongé, le corps lourd et massif, les membres épais, les postérieurs un peu plus courts, les ongles forts, non rétractiles, la queue presque nulle. Sa marche est plantigrade. Le pelage long et fourré est d'un brun plus ou moins jaunâtre ou noirâtre, parfois grisâtre. La longueur du corps d'un adulte est de 1^{m}50 à 1^{m}85; son poids varie de 350 à 500 livres.

L'Ours brun habite encore certaines contrées de l'Europe et vit confiné dans les montagnes où il se peut mieux défendre; il tend, du reste, à disparaître. Il n'existe plus en Belgique, il est très rare en Suisse; en France, on trouve encore quelques individus dans les Alpes et les Pyrénées, l'Ours des Pyrénées étant un peu plus petit que l'autre.

Il passe sa vie dans une tanière établie dans une large anfractuosité de rocher ou au fond d'une grotte, dans les sites les plus sauvages de la montagne, et sort la nuit à la recherche des fruits, des grains et racines et des insectes, ainsi que des mammifères. Il mange des bourgeons, des champignons, des fourmis et, quand il le peut, du miel. Pressé par la faim, il s'attaque aux moutons, aux veaux et même aux vaches, mais il n'affronte pas l'homme, à moins qu'il ne soit blessé ou pour défendre sa progéniture.

Malgré sa lourdeur, il court vite et grimpe parfaitement aux arbres fruitiers. Assailli ou assaillant, il se dresse debout et attaque avec ses pattes de devant.

L'accouplement a lieu en août-septembre et, six mois après, la femelle fait dans sa tanière un ou deux jeunes qui naissent extrêmement petits et faibles, mais grossissent ensuite assez vite. En hiver, époque où il est devenu très gras, il sort rarement et dort presque toujours.

LOUP COMMUN

Le Loup est d'un fauve noirâtre en dessus, fauve en dessous, il a la gorge blanchâtre, les pattes fauves, celles de devant avec une raie noire antérieure, la queue longue, touffue, fournie de longs poils d'un fauve noirâtre dessus, fauve clair dessous jusqu'aux deux tiers de sa longueur, puis noirâtre jusqu'à l'extrémité. Le pelage blanchit lorsque l'animal est vieux et devient souvent tout gris. Il a la tête large, le cou gros et les mâchoires très puissantes. La longueur du corps est de $1^{m}15$, celle de la queue de $0^{m}35$, la hauteur au garrot de $0^{m}60$. L'empreinte de ses pieds est plus allongée que celle du chien.

Le Loup, autrefois si commun, devient extrêmement rare en Belgique, en Suisse, si tant est qu'il y existe encore, et même en France où il ne séjourne plus que dans quelques départements. Il vit solitaire ou par deux ou trois dans les grandes forêts et par moments s'arrête dans les petits bois épais. Il se nourrit de lièvres, chevreuils, petits mammifères et, en cas de disette, mange les colimaçons, les grenouilles et les fruits, mais ses victimes les plus ordinaires sont les chiens, les moutons, les oies et les dindons. La nuit, il s'attaque aussi aux ânes, aux veaux et aux poulains, mais il ne se jette pas sur l'homme, à moins qu'il ne soit enragé; il se contente de suivre, à une certaine distance, le voyageur isolé.

Il est polygame. Après une gestation de deux mois ou un peu plus, la Louve, en avril ou mai, choisit un fourré impénétrable, parfois un vaste champ de seigle et dépose sur une couchette appelée «liteau», quatre à six petits qu'elle allaite pendant plus d'un mois, puis auxquels elle commence ensuite à apporter des proies qu'elle va presque toujours chercher au loin.

Extrêmement méfiant et rusé, le Loup est difficile à tuer devant des chiens courants. Il n'a pas plutôt entendu un bruit insolite qu'il est sur pied et se dérobe, débûche et entraîne la meute à des distances considérables. Le louveteau, c'est-à-dire le jeune jusqu'à cinq mois, et le louvard, jeune de six à dix mois, se font au contraire battre dans l'enceinte de bois qu'ils habitent. Sa voix qu'on entend, le soir, dans les forêts, est un hurlement plaintif et lugubre.

Pris jeune, il s'apprivoise facilement. En captivité, même mais très rarement à l'état sauvage, le Loup s'accouple avec le Chien et les métis sont féconds.

Les louveteaux à la naissance ressemblent tout à fait aux renardeaux du même âge; on les reconnaîtra seulement à la queue noire chez les louveteaux, avec une touffe de poils blancs au bout chez les renardeaux.

La variété noire (Canis lycaon Schreber) est relativement assez commune; on la trouve dans un même liteau mêlée à la variété rousse ou fauve.

Le Loup n'existe plus depuis longtemps en Angleterre, il n'existe pour ainsi dire plus en Suisse et en Belgique; avant peu, il n'existera plus en France.

Loup commun
Canis lupus
Famille des CANIDES

Renard commun
Canis vulpes
Famille des CANIDES

/\/\/\/\/\/\/\/\/\/\/\/\/\/\/\/\/\/\

RENARD COMMUN

Le Renard, long de 0^{m}70 avec sa queue de 0^{m}42 et une hauteur au garrot de 0^{m}32, a le pelage roux ou fauve en dessus, le bas des jambes plus ou moins noir, la queue très longue et très touffue, de couleur plus foncée, terminée par des poils blancs. La variété à pelage plus sombre dite «Renard charbonnier» est aussi commune que le type.

Le Renard est considéré comme le type de la bête astucieuse et rusée, mais il a infiniment moins de prudence que le loup et on le tue assez facilement, soit à l'affût, soit aux chiens courants, soit à l'aide de pièges. Une fois lancé, il se fait battre plus ou moins longtemps dans les bois épais et gagne ensuite son terrier. Là, il est à l'abri, à moins qu'avec de petits chiens spéciaux on essaie de le prendre en creusant la terre. Il se défend bien, mais avec moins de vigueur que le blaireau. Sa peau, bien que très jolie en hiver et fréquemment employée, n'a pas une grande valeur.

Très commun partout, le Renard se creuse un trou profond à plusieurs ouvertures ou s'empare de ceux des lapins ou des blaireaux. Si dans les endroits qu'il fréquente il trouve des rochers et des cavernes, c'est sous le roc qu'il creuse son domicile.

Il attrape les mammifères, les oiseaux, les œufs, grenouilles, insectes, fruits, ne dédaigne pas le poisson et, pour en prendre, visite les étangs en pêche. Dès qu'il s'est emparé d'une belle pièce, il l'emporte et va au loin la dévorer ou, s'il n'a pas faim, la cacher dans un endroit retiré, au contraire de la loutre qui mange sa proie sur le bord de l'eau. Parfois on découvre sous un buisson, plusieurs poissons ou un oiseau; c'est le Renard qui a fait un riche butin et qui a enfoui sous les herbes une partie de sa chasse. En Corse, où les Renards sont beaucoup plus grands et plus forts que sur le continent, ils attaquent assez souvent les jeunes agneaux.

Les dindes et les poulets sont souvent ses victimes et il en tue autant qu'il en peut saisir, sauf à les laisser sur place. La nuit, il chasse le lièvre et le lapin et il n'est pas rare d'entendre sa voix glapissante lorsque, à la manière d'un chien, il mène un gibier devant lui. On prétend, à ce sujet, qu'un deuxième renard se place alors à l'affût là où il suppose que passera le lièvre pour le happer au passage, mais l'histoire n'est pas bien prouvée et il est douteux que le deuxième renard attende, longtemps à l'avance, le problématique passage du gibier.

Après deux mois de gestation, la femelle met bas, en avril, dans son terrier ordinaire ou dans un trou spécial ordinairement moins profond, mais bien caché, cinq à sept renardeaux qui, au bout de sept à huit semaines, suivent déjà la mère à la maraude ou viennent, même le jour, se chauffer au soleil à l'entrée du terrier.

Le Renard n'est pas franchement polygame, car le mâle et la femelle vivent ensemble et élèvent les petits en commun.

Pris jeune, il devient assez familier, mais il faut le surveiller, car il tue les poulets, dérobe les œufs et cache tout, même les choses qui ne se mangent pas. Il y a pourtant des exceptions: M. Rollinat possède actuellement plusieurs Renards apprivoisés. Tandis que ces Renards restent pillards, l'un d'eux entre très souvent dans le poulailler et, loin de pourchasser les volailles, semble vouloir les protéger, à tel point que, si quelqu'un prend un poulet qui, suivant l'habitude, pousse les hauts cris, ce renard gronde et mord le pantalon de l'intrus.

PHOQUE MARBRÉ

Le Phoque marbré a la tête ronde, le corps lourd et épais, à membres courts, le pelage gris brun ou noirâtre parsemé de grandes maculatures fauves ou blanchâtres, souvent noirâtres au centre, le dessous du corps jaunâtre, avec une tache noirâtre autour des yeux, la queue très courte et pas d'oreilles. Un mâle adulte mesure environ 1^{m}50 de longueur.

Cette espèce habite le nord de l'Europe sur les côtes de Norvège et s'étend jusqu'au Groënland où on lui fait une chasse active à cause de la valeur de sa peau. On la voit très accidentellement sur les côtes anglaises, belges et françaises et on cite quelques captures en Normandie et en Picardie. Elle ne s'est probablement jamais reproduite sur nos côtes.

Une espèce très voisine, le Phoque veau-marin (Phoca vitulina Linné) a à peu près la même taille et les mêmes mœurs. Son nez est moins allongé, son corps plus épais et ses membres moins longs. Son pelage varie du brun clair au jaune grisâtre, avec ou sans taches brunes sur le dos, le dessous est blanc jaunâtre.

Cette espèce vit sur les côtes françaises de l'Océan, bien qu'elle y soit beaucoup plus rare qu'autrefois et très exceptionnellement dans la Méditerranée. On l'a observée en Normandie, en Bretagne, aux embouchures de la Seine et de la Somme et dans le golfe de Gascogne. M. Gadeau de Kerville cite sept captures assez récentes sur les côtes normandes, et on raconte l'histoire de deux individus tués près d'Orléans sur la Loire qu'ils remontaient.

Très sauvages, parce qu'ils sont très pourchassés, ces Phoques se tiennent sur les rochers et les plages de sable qui se découvrent à marée basse, ordinairement par petites compagnies. S'ils flairent un ennemi, ils se précipitent à la mer et disparaissent. A haute mer, ils passent leur temps à poursuivre les poissons dont ils feraient, s'ils étaient nombreux, une grande destruction; ils mangent aussi les homards et les crabes. Leur cri rappelle le jappement de la loutre et de certains chiens.

En septembre, au moment du rut, les mâles se livrent de violentes batailles; puis, après une gestation de neuf mois, la femelle fait, en juin ou juillet, un ou deux petits qu'elle allaite toujours à terre, tandis que, plus tard, les Phoques ne mangent jamais que dans l'eau.

Ce sont des bêtes très intelligentes qui s'apprivoisent bien et se nourrissent aisément, mais exclusivement de poissons. Les femelles sont toujours beaucoup plus petites que les mâles.

Phoque marbré
Phoca foetida
Famille des PHOCIDES

Cerf d'Europe
Cervus elaphus
Famille des CERVIDES

CERF D'EUROPE

Le Cerf a le museau allongé, les oreilles grandes, les yeux grands, avec au-dessous un larmier profond, le cou très long, revêtu de grands poils chez le mâle, le corps vigoureux, la queue fauve très courte, les membres assez longs et assez minces. Sa robe est fauve ou brune dessus, avec une raie noirâtre sur le cou et une partie du dos, ses fesses blanchâtres bordées de noirâtre, les parties inférieures grisâtres ou blanchâtres. La tête du mâle porte des bois qui tombent chaque année et repoussent aussitôt, enveloppés d'une mince peau veloutée qui, lorsque le bois a atteint son développement complet, se sèche et se lève par plaques, l'animal s'en débarrassant en la frottant contre les arbres. La longueur du corps est de 2 mètres et plus; la queue est de $0^{m}15$; la hauteur au garrot de $1^{m}30$ à $1^{m}40$.

Les jeunes, appelés faons jusqu'à l'âge de six mois, ont le corps parsemé de taches blanches ou fauve clair qui disparaissent ensuite; de six mois à un an, ils sont devenus fauves et nommés alors «hères». Pendant la deuxième année, les bois du mâle poussent pour la première fois; ils sont plus ou moins droits sans aucune branche et l'animal est appelé «daguet». En mars-avril de l'année suivante ils tombent, mais repoussent si vite qu'en juillet ou en août, ils sont développés et portent chacun une ou parfois deux branches ou andouillers. Le Cerf est alors «une deuxième tête», comme à chacune des années suivantes, il deviendra «une troisième tête», puis «quatrième tête»; enfin «un dix-cors jeunement» et un «dix-cors». Tous les ans, ainsi, vers le mois d'avril, les bois tomberont, seront reformés en juillet-août et porteront ordinairement, car la règle n'est pas absolue, une branche de plus chaque année, jusqu'à l'âge de sept ou huit ans. Il est rare d'en trouver en France portant plus de neuf branches. Parfois les bois, ou l'un d'eux, poussent d'une façon anormale; le Cerf a alors, en termes de vénerie, «une tête bizarde».

Vivant solitaires, ou par hardes de cinq à huit, les Cerfs et Biches sortent des bois à la nuit noire dans les champs de céréales, les pâturages et les taillis, et rentrent au fourré aux premières heures du jour, ou bien, à certaines saisons, font leur nuit dans les jeunes taillis. Ils mangent les bourgeons, les feuilles, les herbes, les céréales, les légumes et même les fruits, notamment les pommes; il leur faut une grande quantité de nourriture et ils commettent souvent de grands dégâts dans les champs ensemencés. Aussi les a-t-on classés parmi les animaux nuisibles.

Le Cerf est polygame et au moment du rut, du 15 septembre à la fin d'octobre, les mâles se livrent de furieux combats dans lesquels ils s'estropieraient si le vaincu ne prenait assez rapidement la fuite. A ce moment ils poussent des bramements qui s'entendent de loin et effraient les gens qui ne se rendent pas compte de ces clameurs profondes. En mai, la Biche met bas un petit, très souvent deux, qu'elle réussit à élever, car en dehors du loup et de l'homme, elle n'a pas d'ennemis; mais l'homme est, pour cette espèce, un ennemi redoutable et là où elle n'est pas protégée, elle disparaît promptement.

A l'heure actuelle, le Cerf existe encore dans une trentaine de départements français et il est assez commun seulement dans un petit nombre de forêts, surtout en Normandie, autour de Paris, dans l'Ouest et dans le Centre. Si on trace une ligne qui partage la France en deux parties de l'Ouest à l'Est, on remarquera que le Cerf est inconnu aujourd'hui dans la plus grande moitié, toute la partie méridionale, et presque partout dans l'Est, de même qu'il ne se trouve plus en Bretagne, sauf sur un point. En Belgique, il n'existe plus, sauf dans l'Ardenne, où il est rare; en Suisse, il a disparu.

Pris jeune, il s'apprivoise facilement, mais les mâles, en vieillissant, deviennent toujours méchants. En liberté, le Cerf est défiant, a l'ouïe et l'odorat excellents; il évite autant qu'il peut la présence de l'homme, mais au moment du rut, il est moins craintif et on a observé des cas où il a attaqué des passants. Les blessures qu'il fait sont absolument dangereuses, comme l'indique ce vieux proverbe, montrant que si le Sanglier ne fait ordinairement que des blessures à ceux qu'il atteint, le Cerf les tue le plus souvent:

Au Sanglier la mierre (le médecin),
Au Cerf la bière.

Le Cerf vit vingt ans et plus.

CERF DAIM

Plus petit que le cerf, puisqu'il mesure seulement $1^{m}40$ de longueur, avec $0^{m}20$ de queue et une hauteur au garrot de $0^{m}85$, le Daim a le pelage fauve avec des taches blanchâtres sur le dos et les flancs, une raie longitudinale de même couleur sur les flancs et une autre verticale sur les cuisses; ses parties inférieures sont blanchâtres, sa queue noirâtre en dessus et blanchâtre en dessous. Il devient beaucoup plus sombre en hiver. La variété à pelage entièrement blanchâtre n'est pas rare.

Vers l'âge d'un an, les dagues du mâle poussent, puis tombent en mai de l'année suivante; à la fin de juillet ou en août, les bois sont entièrement repoussés avec un andouiller à chaque perche. Pendant les années suivantes, la corne deviendra plate au sommet et formera une empaumure dentelée qui s'élargira et s'échancrera sur les bois de chaque année suivante, en même temps qu'il se formera, tous les printemps, un nouvel andouiller pendant trois ou quatre ans.

Le Daim, inconnu en Belgique et en Suisse, très rare en France, est localisé dans quelques forêts et parcs, soit sous sa forme typique, soit comme variété albine ou de couleur isabelle ordinairement de taille un peu plus forte. Il est polygame comme le cerf et vit en général par hardes composées d'un mâle, de jeunes et de femelles. Il se nourrit d'herbes, de feuilles et de fruits.

A l'époque du rut, du 15 septembre au 15 octobre, les mâles solitaires ou les jeunes mâles devenus assez forts, attaquent le chef du troupeau et l'expulsent ou sont expulsés par lui. Puis, après une gestation de huit mois, la Daine met bas dans un fourré un, rarement deux petits.

Le Daim se chasse à courre, mais il est facile à prendre, peu rusé et peu sauvage, bien qu'il ait l'odorat excellent et qu'il sache admirablement éventer un ennemi; à vrai dire, c'est un animal plutôt à demi-sauvage acclimaté en France dans quelques localités, d'où il disparaît très vite quand il n'est pas protégé. Il est originaire de l'Espagne, où il vit encore, ainsi qu'en Sardaigne et en Grèce; mais même en Grèce, il devient rare et sa disparition est à craindre.

Cerf daim
Cervus dama
Famille des CERVIDES

Cerf chevreuil
Cervus capreolus
Famille des CERVIDES

CERF CHEVREUIL

Le Chevreuil a le pelage fauve-brun foncé en hiver, plus clair et même roux vif en été; le dessous de la poitrine, le ventre et les membres gris, le bout du museau noir, une tache blanchâtre sous la gorge, les fesses blanches et pas de queue visible. La livrée des jeunes est fauve-clair avec des taches blanchâtres. Sa longueur est de $1^{m}10$, la hauteur au garrot de $0^{m}70$.

A l'âge de un an, la tête du jeune mâle porte de petites dagues qui seront remplacées, l'année suivante, par des bois munis d'un andouiller; à trois ans, chaque perche aura deux andouillers et à quatre ans trois andouillers, mais jamais d'andouiller basilaire frontal comme chez le cerf. A cinq ans, l'andouiller moyen se bifurque et souvent il en pousse un autre en arrière de la perche. Plus l'animal vieillit, plus le bois devient rugueux et plus grosses deviennent les perlures. Les bois des mâles ou «brocards» tombent d'octobre à novembre et sont entièrement reformés en mars-avril, couverts d'abord d'un velours qui bientôt disparaît.

Très commun autrefois en France, en Belgique et en Suisse, il a à peu près disparu de ces deux derniers pays et on ne le trouve plus en nombre en France que dans les chasses gardées et dans les bois du voisinage. Adulte, il n'a d'ennemis que l'homme et le loup. Mais quand il est très jeune et malgré le dévouement de sa mère, il devient quelquefois la proie des chiens, des vieux renards et même des chats sauvages.

Il se nourrit surtout de feuilles. Au printemps, il absorbe une telle quantité de bourgeons que, par suite de la fermentation de cette nourriture dans l'estomac, il semble ivre, devient imprudent et se montre jusque dans les villages.

Il est monogame et vit par couples avec sa jeune famille, composée d'un ou deux petits nés en avril. Le rut a lieu en juillet et en août, plus tardivement selon quelques observateurs; la femelle porte sept mois et demi.

Le Chevreuil s'apprivoise bien, mais il ne vit jamais très longtemps en captivité et les vieux mâles deviennent agressifs et méchants.

On a vu des Chevreuils albinos.

CHAMOIS ORDINAIRE

Le Chamois est long de 1^{m}10 et sa hauteur est de 0^{m}75. Sa robe est d'un gris cendré au printemps, d'un roux fauve en été et d'un beau roux en hiver sur le dessus, fauve jaunâtre (couleur chamois) sous le ventre. Une bande foncée s'étend de l'oreille jusqu'au museau; la queue est très courte. Les cornes de la femelle sont toujours plus minces que celles du mâle.

Le Chamois, inconnu en Belgique, n'est pas trop rare en Suisse et n'existe en France que sur les sommets les plus sauvages des Alpes et des Pyrénées. Dans les Alpes, il porte son nom de Chamois; dans les Pyrénées, on l'appelle «Isard», mais les différences entre les deux formes sont à peu près nulles. Les mâles vieux vivent ordinairement solitaires, tandis que les jeunes et les femelles se réunissent en petites bandes. Pendant la journée, ils pâturent les bourgeons et les plantes et, à la moindre alerte, l'un d'eux pousse un sifflement particulier et tous s'enfuient, bondissant avec vigueur et légèreté au milieu des rochers. On prétend qu'une vieille femelle demeure toujours en sentinelle lorsque le troupeau est au repos pour avertir ses compagnons du danger. En tous cas, le Chamois a la vue, l'ouïe et l'odorat excellents et il est très difficile de le surprendre; du reste, s'il ne se défendait pas aussi bien, il disparaîtrait rapidement, car il est pourchassé continuellement par les chasseurs montagnards; les jeunes sont souvent saisis par les aigles et les gypaëtes, et ils sont aussi, de temps en temps, victimes des avalanches de neige.

C'est à la fin de l'automne que l'accouplement se fait, et en avril la femelle met bas ordinairement un seul petit, rarement deux. Contrairement au bouquetin qui ne va guère que la nuit au pâturage, le Chamois n'est pas un animal nocturne et il se repose pendant la nuit.

On a obtenu des hybrides de l'accouplement du Chamois et de la Chèvre, en captivité; on dit même qu'on a observé, à l'état sauvage, des produits provenant de l'accouplement d'un Chamois femelle avec un Bouc. Ce sont pourtant des espèces classées par les zoologistes dans deux familles différentes!

Chamois ordinaire
Capella rupicapra
Famille des *Antilopidés*

Chèvre Bouquetin
Capra ibex
Famille des CAPRIDES

CHÈVRE BOUQUETIN

Le Bouquetin a les cornes très longues, curvilignes, arquées en arrière, noueuses, comprimées, le pelage brun roussâtre avec poil long et grossier en hiver, plus ferme et plus fin en été sur le dessus, le ventre blanc, une raie brune sur le dos, le menton, le devant des yeux et le tour des narines fauves. La femelle plutôt d'un gris roussâtre en été est d'un gris jaunâtre en hiver. Les oreilles sont blanches en dedans, assez grandes, pointues; la queue courte, brune. Il est à remarquer que les cornes de la femelle sont assez analogues à celles d'une chèvre domestique, tandis que celles du mâle sont parfois gigantesques, penchées en dehors et décrivant une courbe régulière, atteignant jusqu'à un mètre de longueur, ou un peu contournées en forme de lyre avec les deux pointes revenant en dedans. La longueur du corps est de $1^{m}50$; la hauteur au garrot de $0^{m}75$.

Le Bouquetin n'a jamais habité que les montagnes, mais il a été autrefois assez commun, tandis qu'il est aujourd'hui extrêmement rare et tout fait croire que bientôt il aura disparu. Déjà, il n'existe plus en Suisse.

Dans les Alpes françaises, c'est à peine si on pourrait en trouver deux ou trois petits troupeaux dans les endroits les plus inaccessibles. Dans les Pyrénées, où la race est un peu différente, l'animal ayant les cornes plutôt tournées en forme de lyre, le pelage marron, les lèvres, joues, oreilles, cou, fesses et cuisses jaune d'ocre foncé, la robe comme marbrée par des mèches de poils bruns, on connaît l'existence de quelques bandes peu nombreuses. Comme le chamois mâle, les vieux Bouquetins vivent solitaires, les autres se tiennent cachés ensemble durant le jour dans les lieux escarpés et ne viennent que la nuit brouter les plantes, les écorces et les bruyères des forêts et pâturages. Ils peuvent sauter et grimper merveilleusement au milieu des rochers et des précipices et se gardent aussi bien que les chamois.

L'accouplement a lieu en janvier et la femelle fait, vers le mois de juin, un seul petit qu'elle défend au besoin contre les attaques des aigles qui sont, avec l'homme, les seuls ennemis de l'espèce.

On a pu faire croiser le Bouquetin avec la Chèvre; les métis, intermédiaires entre les deux espèces, avaient une barbe se rapprochant de celle du bouc.

MOUFLON DE CORSE

Le Mouflon de Corse a le pelage brun foncé roussâtre avec le milieu du dos et des flancs ensellés d'une grande tache blanc roussâtre, la tête plutôt grise, le nez, les lèvres, le menton, la gorge, la croupe, les pieds et le ventre blancs, la queue courte, brune dessus et blanche aux côtés; sous le cou et jusqu'entre les pattes de devant, des poils très longs en sorte de petite crinière. Les cornes de la femelle sont courtes et presque droites ou même manquent tout à fait; celles du mâle sont grandes, s'éloignant l'une de l'autre à la base, puis recourbées pour revenir sur le devant, mais en divergeant, et présenter leurs pointes juste à la hauteur des yeux, à une certaine distance de chaque œil. La taille du mâle est de $1^{m}20$ de longueur, la hauteur au garrot de $0^{m}80$.

Cette espèce, inconnue dans la France continentale, vit confinée dans les montagnes de la Corse, comme aussi en Sardaigne, par petites troupes qui se tiennent pendant le jour dans les lieux les plus escarpés et dans les maquis impénétrables, vivant d'herbes, de bourgeons et de feuilles.

Ce sont des bêtes gracieuses, vigoureuses, sautant et grimpant sur les rochers avec agilité, bien que leurs membres soient moins forts que ceux des chamois et des bouquetins. Très pourchassée par les chasseurs corses, l'espèce diminue de jour en jour; on la voit rarement dans les jardins zoologiques où on trouve, au contraire, en abondance, l'espèce voisine d'Algérie.

Le rut a lieu au milieu de l'hiver, puis au printemps, après avoir porté vingt et une semaines, la femelle met bas un ou deux petits. On a pu faire accoupler le Mouflon avec certaines races de Brebis et les produits ont été féconds.

Comme tous les animaux sauvages, le Mouflon n'a pas de laine et ses poils, sauf devant le cou, sont raides et cassants.

En captivité, la femelle est tranquille, mais le mâle, en vieillissant, devient excessivement méchant et dangereux. Ils se reproduisent du reste facilement et les petits ne cessent de gambader et de sauter autour de leurs parents.

Mouflon de Corse
Musimon musmon
Famille des *Ovidés*

Sanglier commun.
Sus scrofa
Famille des SUINIDES

SANGLIER COMMUN

Le pelage du Sanglier est brun noirâtre ou grisâtre; les oreilles, le museau, les pattes et la queue plutôt noires. Des soies longues et raides percent au-dessus d'une fourrure basale épaisse. Jusqu'à l'âge de six mois, la robe des jeunes marcassins est fauve, rayée longitudinalement de brun; de six mois à un an, il devient généralement plus roux et l'animal est alors pour les chasseurs «bête rousse»; à un an, il est «bête de compagnie»; à deux ans, il est «ragot»; il devient en vieillissant «quartenier», puis «solitaire».

Le Sanglier, inconnu dans plusieurs départements et rare dans d'autres, ainsi qu'en Belgique, extrêmement rare en Suisse, est commun dans certaines grandes forêts françaises. Du reste, il se déplace volontiers, et après avoir été très abondant dans un bois, il se fait tout à coup rare pour redevenir abondant plus tard. Il suffit pour cela de l'émigration de quelques familles, car, sauf les vieux solitaires qu'on trouve séparés, il aime à vivre en bandes.

Il demeure couché pendant le jour au plus épais des fourrés et souvent dans les grands joncs des étangs; le soir venu, il cherche sa nourriture consistant en glands, faînes et châtaignes, racines, pommes de terre et topinambours, céréales, vers et colimaçons, œufs d'oiseaux, jeunes mammifères. Il est en réalité omnivore.

Très défiant, ayant l'ouïe excellente et l'odorat très fin, extrêmement vigoureux, il sait très bien éviter l'affûteur, et lancé par les chiens courants, il tient longtemps et est difficile à forcer. Il n'a comme ennemi que l'homme, surtout depuis que le loup, qui attaquait volontiers les marcassins, est devenu excessivement rare.

Le rut a lieu d'octobre à décembre et les mâles se livrent alors de furieux combats, si bien qu'on en voit souvent avec les épaules, les flancs et l'arrière-train couverts de blessures. Après quatre mois de gestation, la femelle met bas dans un fourré épais, de cinq à huit petits, qui accompagnent leur mère jusqu'à l'année suivante et parfois plus longtemps.

Le Sanglier s'apprivoise facilement et s'accouple très volontiers avec le Porc. Même, à l'état sauvage, ces accouplements ne sont pas rares entre Sangliers et Porcs errants dans les bois, et les chasseurs rencontrent de temps en temps des métis généralement blanchâtres, qui se font chasser exactement comme des Sangliers, mais qui, moins durs à la fatigue, font plus rapidement tête aux chiens.

NOTIONS GÉNÉRALES

Classification.—Description des espèces.

Les animaux vertébrés sont ceux qui ont un squelette osseux et par conséquent des vertèbres; ce sont les Mammifères, les Oiseaux, les Reptiles, les Batraciens et les Poissons.

Parmi eux, les Mammifères sont les animaux qui ont des mamelles au moyen desquelles les femelles allaitent leurs petits, qui ont le sang chaud, des dents, des poils et qui sont vivipares. Ils forment une classe spéciale en tête de laquelle est l'homme. Les autres Mammifères ont été partagés en plusieurs ordres: l'ordre des **Quadrumanes**, qui comprend les singes et les lémuriens, celui des **Chéiroptères** ou chauves-souris, qui sont les seuls mammifères pourvus d'ailes, celui des **Insectivores**, celui des **Rongeurs** renfermant des animaux ayant une dentition très spéciale, celui des **Carnivores**, celui des **Pinnipèdes** ou phoques, celui des **Ongulés** ou mammifères dont les pieds sont en forme de sabots, ordre qui peut lui-même se remplacer par trois ordres ou se subdiviser en trois sous-ordres, les **Solipèdes**, les **Ruminants** et les **Pachydermes**, celui des **Siréniens** et celui des **Cétacés**, mammifères marins ayant plus ou moins la forme de poissons, les **Édentés** dépourvus d'incisives, les **Marsupiaux** et les **Monotrêmes**.

Aucun animal ne représente en France, en Belgique et en Suisse les ordres des Quadrumanes, des Édentés, des Siréniens, des Marsupiaux et des Monotrêmes; on pourrait dire qu'il en est de même de toute l'Europe, si l'ordre des Quadrumanes n'était représenté sur un seul point, à Gibraltar, par une unique espèce de Singe.

Quant aux animaux des autres ordres, ils sont répartis chez nous d'une façon très peu uniforme; alors qu'il y a en France 25 espèces de Chéiroptères, il y a seulement 11 Insectivores, 21 Rongeurs indigènes et 1 domestique, 18 Carnivores dont 3 domestiques, 5 Pinnipèdes, 1 Pachyderme sauvage et 1 domestique, 6 Ruminants indigènes et 3 domestiques, pas de Solipède sauvage, le Cheval et l'Ane domestiques représentant cet ordre à eux seuls, enfin 24 Cétacés.

Mais si, actuellement, on fixe à 108 espèces vivant à l'état libre et à 9 ou 10 espèces domestiquées le nombre des formes qui habitent la France, il faut ajouter que de nombreuses espèces, aujourd'hui éteintes et trouvées à l'état fossile, ont vécu dans notre pays. De ces espèces fossiles, les unes ont disparu dans le cours des temps d'une manière définitive, les autres sont représentées par une descendance retirée aujourd'hui dans les contrées du nord ou dans les régions chaudes; d'autres sont les ancêtres de nos espèces sauvages actuelles, peu, pas ou beaucoup modifiées, d'autres enfin, comme les Bœufs et les Chevaux fossiles ont donné naissance, au moins en partie, à nos espèces domestiques actuelles.

Il y eut, en effet, une époque où vivaient en France, pour ne citer que ceux-là, des Singes, des Lémuriens, des Édentés, des Siréniens, des Marsupiaux et des Éléphants.

La plupart de nos mammifères actuels français, belges ou suisses sont des espèces nées sur notre sol; cependant deux espèces de Rats, le Surmulot et le Rat noir, sont d'origine étrangère et ont envahi nos pays depuis des époques relativement récentes; et trois ou quatre espèces de Phoques ne sont réellement pas françaises puisqu'elles n'apparaissent sur nos côtes que d'une façon tout à fait exceptionnelle. Il en est de même de certains Cétacés.

D'un autre coté, le nombre de nos mammifères se trouvera tôt ou tard diminué de plusieurs espèces, qui vont inévitablement disparaître de la terre française aussi bien que de la Belgique et de la Suisse. Tels sont, sans parler des Phoques et des Cétacés, le Lynx qui n'est plus représenté chez nous que par quelques rares individus, le Loup, le Castor, l'Ours, le Bouquetin, qui, à coup sûr, auront cessé d'exister dans un demi-siècle. D'autres, comme le Cerf, le Chamois, le Mouflon et peut-être le Chevreuil et le Lièvre ne pourront subsister que s'ils sont protégés.

Si on veut classer nos mammifères en animaux utiles ou nuisibles à l'homme, on peut dire que toutes les Chauves-Souris sont des bêtes franchement utiles, que le Lièvre, le Chevreuil, le Chamois, le Bouquetin, le Mouflon ne commettent pas de dégâts appréciables et doivent être considérés comme des gibiers servant à l'alimentation.

Un certain nombre d'espèces doivent être dites à la fois utiles et nuisibles parce qu'elles nous rendent des services compensés par des inconvénients: ce sont le Cerf, le Sanglier, le Lapin, le Castor, la Taupe, le Hérisson et même les six ou sept Musaraignes.

Sont plutôt indifférents la Marmotte, le Loir, le Muscardin et le Rat des moissons. Doivent être considérés comme nuisibles l'Ours, le Loup, le Renard, le Blaireau, les Phoques, le Chat, le Lynx, tous les Mustelidés, les Rats et Campagnols, le Hamster, le Lérot, l'Écureuil et le Desman; l'Ours, le Lynx et le Loup, parce qu'ils s'attaquent à nos troupeaux et peuvent même être dangereux pour l'homme; le Renard, parce qu'il détruit les volailles et le gibier, ce que font aussi les Chats, les Fouines, les Putois et les Belettes; le Blaireau, parce qu'il saccage certaines récoltes; les Phoques et d'autre part le Desman et la Loutre, parce qu'ils chassent, tuent et consomment les poissons au détriment des pêcheurs; le Hamster et les Campagnols parce qu'ils causent un grand tort aux récoltes, le Lérot dévastant de son côté nos vergers;

l'Écureuil, parce qu'il mange les jeunes oiseaux et les œufs ainsi que les pousses des conifères. Est-il nécessaire de parler des Rats et des Souris qui dévorent les provisions et les grains, le linge et une foule d'objets utiles à l'homme.

Il en est, parmi nos mammifères, dont le type n'a pas ou n'a guère varié, d'autres au contraire ont produit des variétés ou des races un peu différentes de l'espèce typique qui subsiste quand même, de sorte que ces animaux, bien que d'une espèce unique, offrent deux ou plusieurs formes légèrement divergentes. Le cas se présente lorsqu'une même espèce a été reléguée sur des points éloignés sans communication possible durant de longs siècles, ce qui est arrivé par exemple pour le Bouquetin qui, depuis bien longtemps, n'habite plus que les sommets des Alpes et des Pyrénées; les deux formes sont devenues un peu différentes, tout en conservant entre elles les plus grandes affinités. Chez d'autres espèces, comme chez le Rat ordinaire, on rencontre des individus n'ayant plus tout à fait la coloration de l'espèce-type, et comme ces individus reproduisent identiquement la même forme, les observateurs ont, après avoir donné les caractères de l'espèce, décrit ces variétés comme simples races en indiquant les différences. Mais d'autres zoologistes ont franchement classé comme espèces propres ces formes particulières. On peut approuver ou blâmer cette manière de faire d'après le point de vue auquel on se place, puisqu'une pareille race peut en définitive disparaître en se fondant dans le type, ou toujours subsister comme variété, ou devenir à un moment donné, par ses caractères de plus en plus tranchés, une espèce naissante.

Il est en effet indispensable, pour la classification, de considérer comme espèce et de nommer comme telle, toute forme ayant des caractères spéciaux assez nets, mais on sait aussi combien, en certains cas, ce terme «espèce» peut être vague, et on se demande parfois si une deuxième forme assez semblable ou très semblable à une autre doit être dite espèce voisine, simple race ou variété de la première.

Pour bien connaître les animaux, il faut les observer quand c'est possible, vivants et agissants, ou au moins les examiner dans les musées et dans les collections. On se fait ainsi une idée des formes et couleurs spéciales à chaque espèce et des différences existant avec les espèces alliées ou voisines.

Certains animaux, sans parler des animaux domestiques, sont connus de tous parce qu'on les voit souvent, au cours de la vie usuelle, et dans les campagnes, le nombre de ces animaux est assez considérable. D'autres figurent dans les musées publics, chacun les reconnaît par leurs formes très spéciales, mais il en est d'autres, et c'est le plus grand nombre, qui, par leur petite taille et par la ressemblance que les diverses espèces ont entre elles, sont plus difficiles à connaître exactement.

C'est alors qu'il est indispensable de pouvoir examiner de près et à loisir une collection de ces bêtes, et même de les récolter et de les classer soi-même. Il est réellement très malaisé, sans agir ainsi, de parvenir à déterminer les différentes Chauves-Souris, les Musaraignes, les Rats, les Campagnols.

Se les procurer n'est pas, sauf pour certaines espèces rares, d'une grande difficulté. En sachant leur habitat et leurs mœurs, on les trouvera et on les prendra au moyen de pièges ou autrement. Les Chauves-Souris qu'on peut, du reste, tuer au fusil lorsqu'elles circulent le soir, sont faciles à récolter dans leurs retraites, quand on peut visiter des cavernes, des souterrains, des carrières, de vieux bâtiments, des greniers, des arbres creux. Là, on les trouve, souvent en grand nombre, et il est facile de s'en emparer.

Une fois les bêtes prises, on les fait monter par un naturaliste, si on ne sait le faire soi-même ou on les fait simplement mettre en peau, suivant l'expression consacrée, ou on les conserve entières dans l'alcool; ou enfin on emploie un procédé recommandé par le Dr Trouessart, professeur au Muséum de Paris, dans son excellent livre sur les Mammifères de France et qui consiste à ouvrir le dos des Chauves-Souris ou le ventre des autres petits mammifères pour en retirer les viscères, puis à dessécher la cavité ainsi produite en y jetant de la poudre d'alun; cela fait, on remplace les viscères enlevés par un tampon de coton imbibé d'un liquide préservateur, puis on rapproche les bords de l'ouverture et on mouille le museau, les yeux, les oreilles, les pattes et la queue avec un pinceau trempé dans une solution éthérée d'acide phénique. On place alors l'animal dans un endroit sec et aéré, toujours à l'ombre et on le laisse sécher pendant huit ou quinze jours. Si la bête ainsi préparée et sèche est enfermée ensuite dans un tiroir bien clos, en prenant les précautions ordinaires contre les insectes et l'humidité, elle se conserve parfaitement.

Pour les Chauves-Souris, on les place sur une planche avec les ailes bien étendues et on les fait ainsi sécher. Procédé commode à cause de sa rapidité.

Pour les petits mammifères, une collection de crânes est également utile et intéressante, puisque leur classification est basée principalement sur leur système dentaire.

Il est toujours intéressant d'élever en captivité les mammifères dont on observe alors facilement les mœurs et certaines habitudes. Chez les grands animaux, Cerfs, Chevreuils, Sangliers et autres, le mâle devenu adulte se montre presque toujours très méchant et dangereux; le Loup, le Renard, le Blaireau s'apprivoisent en général très bien; la Loutre peut même se dresser et chasser aux poissons pour son maître. Certaines Chauves-Souris s'habituent bien à la captivité, alors que quelques espèces, comme les Rhinolophes, y sont toujours réfractaires.

Le Hérisson vit parfaitement dans un petit jardin; la Marmotte est souvent à peu près domestiquée par les montagnards des Alpes; les Phoques s'habituent très bien à la captivité et, comme ils sont intelligents, on les dresse facilement à toutes sortes d'exercices. Par contre, le Lièvre ne prospère pas lorsqu'il est renfermé même dans un enclos d'une certaine étendue.

Parmi les autres Rongeurs, le Rat noir, la Souris, le Mulot s'élèvent aisément, tandis que le Surmulot se fait difficilement à la captivité, sans qu'on puisse s'expliquer la raison de cette différence.

Clé pour la détermination par Ordres des Mammifères de France, Belgique et Suisse.

§ Ier.—*Mammifères n'ayant pas la forme des Poissons.*

1. Membres antérieurs munis de grandes membranes entourant le corps, servant d'ailes et permettant le vol. **Chéiroptères.**

1. Membres antérieurs normaux, en forme de jambes et de pieds, organisés pour la marche, le creusement du sol ou la natation. **2**

2. Doigts onguiculés, c'est-à-dire munis d'ongles. **3**

2. Doigts ongulés, c'est-à-dire réunis en forme de sabots cornés. **6**

3. Pas de dents canines; à leur place, un large intervalle existant entre les incisives qui sont très fortes et les dents molaires. **Rongeurs.**

3. Toujours des dents canines; pas de grand intervalle entre les incisives et les molaires. **4**

4. Membres organisés pour la natation, ceux de derrière allongés en arrière parallèlement à la queue. Dents molaires tranchantes. **Pinnipèdes.**

4. Membres organisés pour la locomotion terrestre, c'est-à-dire les quatre pattes permettant la marche et en certains cas les pieds de devant taillés pour creuser le sol. **5**

5. Dents molaires tranchantes. Taille moyenne ou grande. **Carnivores.**

5. Dents molaires, au lieu d'être tranchantes, hérissées de pointes coniques. Taille assez petite ou très petite. **Insectivores.**

6. Un seul sabot corné à chaque membre. **Solipèdes.**

6. Les doigts séparés ou divisés en plusieurs sabots cornés. **7**

7. Seulement deux doigts cornés bien distincts. Estomac divisé en quatre loges et organisé pour la rumination. Pas d'incisives à la mâchoire supérieure. **Ruminants.**

7. Quatre doigts distincts. Estomac non conformé pour la rumination. Des incisives à la mâchoire supérieure. **Pachydermes.**

§ II.—*Mammifères ayant la forme de poissons.*

Les membres transformés en sortes de nageoires. **Cétacés.**

ORDRE I.—Chéiroptères.

Fig. 1.—Chauve-Souris.

Les Chéiroptères, appelés ordinairement Chauves-Souris, sont des mammifères organisés pour le vol. Les doigts de leurs membres antérieurs, sauf le pouce, sont très allongés et réunis par une grande membrane mince et souple qui se continue ensuite jusqu'aux flancs et jusqu'aux membres postérieurs. C'est la membrane alaire qu'on peut désigner sous le nom vulgaire d'aile. A cette membrane alaire fait suite une autre membrane, dite interfémorale, joignant entre eux les deux membres postérieurs et englobant la queue dans son milieu.

Les ailes des Chauves-Souris sont tantôt longues et effilées, tantôt larges et assez courtes. Si elles volent parfaitement, elles marchent peu et mal, mais, bien qu'elles ne soient pas conformées pour la marche, elles peuvent, en s'aidant de leurs quatre membres, se mouvoir assez facilement à terre.

Les pieds de derrière qui ont cinq doigts ont, de plus, en arrière du talon, un petit os allongé qui tend la membrane interfémorale et qu'on appelle l'éperon.

Elles ont des canines développées, des incisives et des molaires surmontées de tubercules aigus qui leur permettent de broyer aisément les insectes, base de leur nourriture; en tout, suivant les espèces, 32 à 38 dents.

Leurs yeux sont très petits et leur vue n'est probablement pas très perçante, mais leurs oreilles sont plus ou moins grandes et leur ouïe paraît excellente. Les oreilles sont doubles ou simples, réunies à leur base ou séparées, droites ou penchées, elles sont doublées, chez beaucoup d'espèces, par un petit appendice de forme variable, dit oreillon (Tragus).

Elles portent deux mamelles pectorales; les petits naissent nus avec les oreilles et les yeux fermés; ils s'accrochent à leur mère qui, tant qu'elle les nourrit, les emporte avec elle dans ses évolutions aériennes. Leur voix se compose de petits cris aigus et de stridulations.

Toutes sont nocturnes. Durant le jour, elles se tiennent dans les endroits obscurs et se suspendent au moyen des ongles de leurs membres postérieurs, la tête en bas. Le soir venu, elles sortent et se mettent en chasse. Vers la fin de l'automne, elles tombent dans un engourdissement ou sommeil plus ou moins profond et passent une partie de l'hiver sans prendre de nourriture, accrochées aux parois des grottes et des cavernes ou blotties dans les fissures et anfractuosités, souvent à une assez grande profondeur.

Les Chéiroptères sont des animaux utiles qui détruisent une énorme quantité de coléoptères, de papillons nocturnes, de mouches et de cousins, bêtes généralement malfaisantes, et des névroptères, insectes indifférents. A l'état sauvage, on n'a jamais constaté qu'elles se fissent la guerre entre elles, mais lorsqu'on les garde en captivité, il arriverait parfois, dit-on, que, si on les laisse manquer d'insectes, elles se dévoreraient les unes les autres.

Nos Chauves-Souris de France ont été réparties en trois familles, les **RHINOLOPHIDÉS**, les **VESPERTILIONIDÉS** et les **EMBALLONURIDÉS**.

Les Rhinolophidés, nommés aussi Phyllorhinidés (ce qui veut dire: feuille sur le nez) ont, pour caractère, comme l'indique leur nom, de porter sur le nez un repli membraneux, plus ou moins en forme de feuilles plissées, d'un aspect très singulier; il n'y a pas d'oreillon chez les espèces d'Europe et les oreilles sont nettement séparées. Les narines s'ouvrent au fond d'un repli cutané ayant un peu l'apparence d'un fer à cheval.

Les Vespertilionidés n'ont pas sur le nez le repli cutané en forme de feuilles et ils ont un oreillon. Leur queue longue et étroite est prise dans la membrane interfémorale dont le bord forme un angle aigu avec elle, et elle ne dépasse cette membrane que de un à trois millimètres; les oreilles sont séparées, rarement réunies à leur base par leur bord interne et ne portant jamais un repli rabattu sur le front; l'oreillon est toujours allongé, bien que de formes variables.

Les Emballonuridés n'ont pas, eux aussi, sur le nez le repli cutané en forme de feuilles et ils ont un oreillon. Mais leur queue très épaisse dépasse de la moitié de sa longueur la membrane interfémorale, dont le bord forme un angle droit avec elle. Les oreilles sont très réunies par leur bord interne qui forme un repli rabattu sur le devant du front; l'oreillon est court et carré.

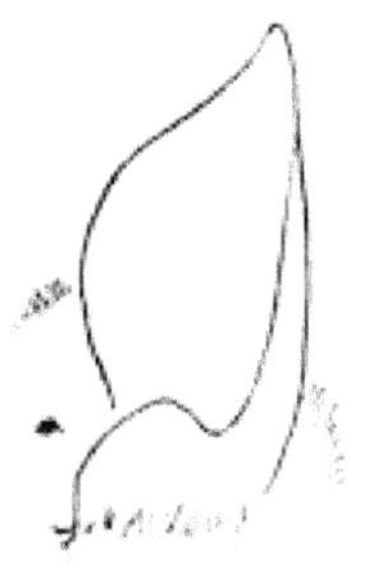

Fig. 2.—Oreille de profil d'un Rhinolophe.

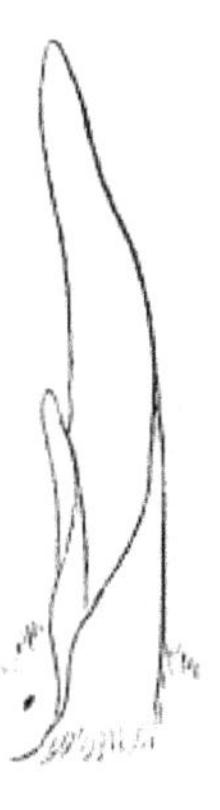

Fig. 3.—Oreille de profil d'un Oreillard.

Fig. 4.—Oreille de profil du Vespérien Pipistrelle.

/\/\/\/\/\/\/\/\/\/\/\/\/\/\/\/\/\

FAMILLE DES RHINOLOPHIDÉS

GENRE **Rhinolophe.—Rhinolophus** E. Geoffroy.

Museau surmonté d'un repli cutané garni de quelques poils; narines ouvertes au fond d'une cavité bordée d'une membrane ayant un peu la forme d'un fer à cheval. Au milieu, au-dessus de ce fer à cheval, se dresse, au-dessus du nez, une corne verticale dite «selle»; enfin de chaque côté, des sortes de feuilles membraneuses avec une pointe centrale entre les yeux.

Deux incisives à la mâchoire supérieure, quatre à la mâchoire inférieure. Oreilles non réunies, sans oreillons, mais très échancrées sur leur bord externe. Ailes courtes et larges. Pieds grands, minces, libres. En tout 32 dents.

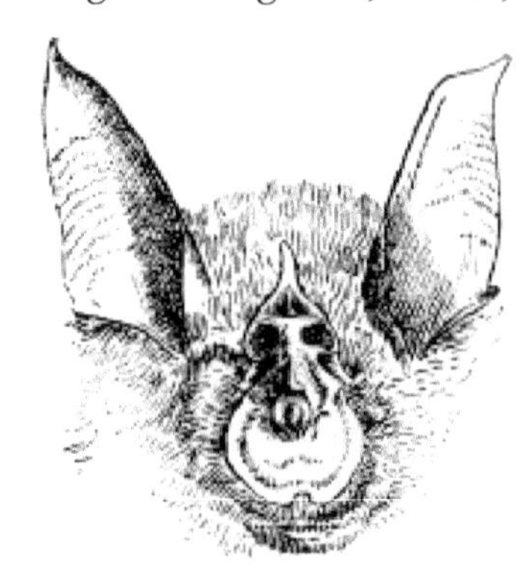

Fig. 5.—Nez et oreilles d'un Rhinolophe (face).

Fig. 6.—Nez et oreilles d'un Rhinolophe (profil).

Les Rhinolophes sont des habitants des cavernes où ils se réunissent en bandes plus ou moins nombreuses et se suspendent, la tête en bas, enveloppés de leurs ailes comme d'un manteau, avec la queue rejetée sur le dos. Ils semblent plus frileux que les autres Chauves-Souris, volent généralement à la nuit noire, plutôt lentement et redoutent le mauvais temps.

Quand on veut les prendre pendant leur sommeil d'hiver, ils ouvrent leur bouche et agitent vivement les oreilles. Ils sont, du reste, hargneux et batailleurs.

Quatre espèces se trouvent en France, deux seulement en Belgique et en Suisse.

1° **Rhinolophe grand fer-à-cheval**
RHINOLOPHUS FERRUM EQUINUM Schreber.
(Rhinolophus unihastatus Geoffroy.)

(Voir plance I, figure et description.)

C'est en juin et juillet que les familles se rassemblent en troupes plus ou moins nombreuses pour faire et élever leurs petits en commun. Chacune d'elles met bas un seul petit qui grossit très vite et atteint souvent, dès le mois de septembre, la taille des adultes. Pendant l'allaitement, les mères chassent comme d'habitude en portant, dans leurs évolutions, le petit cramponné à leur corps et le plus souvent fixé à l'un des faux tétons du pubis qu'on observe chez les Rhinolophes, faux tétons ne communiquant avec aucune glande mammaire et par conséquent ne pouvant donner du lait, et en ce cas le petit est obligé de se retourner quand il veut téter à l'une des vraies mamelles de la poitrine de sa mère.

2° **Rhinolophe euryale**.
RHINOLOPHUS EURYALE Blasius.

Pelage brun roux dessus, brun pâle en dessous; feuilles nasales ressemblant, vues de face, à celles de l'espèce précédente. Côtés de la selle parallèles; son extrémité postérieure en pointe relevée aiguë. Lobe antérieur de l'oreille séparé du reste par une échancrure pointue. Deuxième prémolaire supérieure séparée de la canine par la première prémolaire. Aile insérée au tibia.

Taille moyenne, envergure $0^{m}28$, corps $0^{m}054$, queue $0^{m}25$.

Les deux sexes semblables, ainsi que les jeunes.

Vit, probablement durant toute l'année, dans les caves et souterrains, parcourt à la nuit sombre les avenues, les routes et le tour des maisons, en chassant les insectes.

Ses mœurs semblent être celles du Fer-à-cheval, mais il est beaucoup plus rare et plus localisé. On le trouve dans le sud et le centre de la France; il habite aussi l'Algérie. Il a été observé notamment dans le département d'Indre-et-Loire où, durant plusieurs années, en juillet-août, une colonie d'environ trois cents sujets s'était établie dans une cave. Ces Rhinolophes, à la vue d'une lumière, partaient en groupe serré pour s'accrocher tous, à côté les uns des autres, à un endroit peu éloigné, et définitivement chassés, prenaient leur vol au grand soleil. Un cas identique s'est présenté à Chabenet, dans le département de l'Indre. En général, on le trouve dans la France centrale seulement de juin à octobre et on se demande si l'espèce n'émigre pas en hiver.

Le petit naît à la fin de juin ou au commencement de juillet et grandit avec une extrême rapidité.

3° **Rhinolophe de Blasius**.
RHINOLOPHUS BLASII Peters.
(Rhinolophus clivosus Blasius.)

Pelage brun dessus, cendré en dessous. Feuilles nasales ressemblant à celles de Rh. hipposideros ci-après. Il ressemble du reste, pour le tout, à cette dernière espèce, mais il est plus grand, a les oreilles noires pointues et la partie postérieure de la selle en pointe plus aiguë. Côtés de la selle convergents vers le haut. Lobe antérieur de l'oreille séparé du reste par une échancrure obtuse. Deuxième prémolaire supérieure séparée de la canine par la première prémolaire. Aile insérée au talon.

Taille moyenne, envergure $0^{m}28$, corps $0^{m}053$, queue $0^{m}025$.

Cette espèce a les mœurs du Petit fer-à-cheval, avec qui on a dû la confondre souvent. Elle habite l'Europe méridionale, l'Algérie, la Sardaigne et très probablement la Corse. D'après le professeur Trouëssart, il est à peu près certain qu'elle se trouve dans certains départements français des bords de la Méditerranée, mais on n'a pu encore citer aucune capture bien authentique.

4° **Rhinolophe petit fer-à-cheval**
RHINOLOPHUS HIPPOSIDEROS Bechstein.
(Rhinolophus bihastatus Geoffroy.)

Pelage doux et fourré, brun dessus, brun clair ou cendré en dessous. Feuilles nasales lancéolées. Côtés de la selle convergeant vers le haut. Oreilles larges, un peu plus courtes que la tête, très échancrées à la base en angle aigu. Deuxième prémolaire supérieure séparée de la canine par la première prémolaire. Aile insérée au talon.

Taille très petite. Envergure $0^{m}22$ à $0^{m}23$, corps $0^{m}40$, queue $0^{m}20$.

Les deux sexes et les jeunes sont semblables.

Il habite les cavernes, les anfractuosités des rochers et les chambres souterraines, en toute saison. La nuit venue, il sort et vole assez bas et lentement dans les campagnes, à la recherche des petits insectes. Dès l'aube, il est rentré dans son repaire où il dort, accroché à la voûte.

Au mois de juillet, on trouve des rassemblements de femelles, les unes encore pleines, les autres avec leurs petits, tandis que les mâles sont assez souvent solitaires. Lorsque ces femelles sont accolées les unes près des autres, le petit quitte volontiers sa mère pour passer sous une autre femelle qui l'accueille parfaitement. Pendant le vol, le jeune reste accroché à l'abdomen de la femelle.

Dès les premiers froids, ce Rhinolophe s'engourdit, mais au printemps, il apparaît d'assez bonne heure.

Il est commun presque partout en France, en Belgique et en Suisse.

FAMILLE DES VESPERTILIONIDÉS

GENRE **Oreillard.—Plecotus** E. Geoffroy.

Une seule espèce, **Plecotus auritus** Geoffroy, déjà figurée et décrite (voir Plance 2).

Fig. 7. Tête d'Oreillard (face).

Fig. 8. Tête d'Oreillard (profil).

GENRE **Barbastelle.—Synotus** Keys. et Blasius.

Museau large, avec apparence de repli en feuilles; narines ouvertes sur la face dorsale du nez, au fond d'une rainure. Deux incisives de chaque côté à la mâchoire supérieure, trois incisives à l'inférieure. Oreilles réunies par le bas, à peine de la longueur de la tête, très dentelées extérieurement; oreillons aussi dentelés, larges en bas, amincis en haut. Ailes plutôt moyennes; jambes longues; 34 dents.

Barbastelle commune.

SYNOTUS BARBASTELLUS Keys. et Blasius.

Pelage brun foncé ou noirâtre dessus, brunâtre en dessous, souvent presque blanchâtre vers l'anus. Bouche large, yeux très petits. Oreillon de moitié de l'oreille. Aile insérée à la base des doigts.

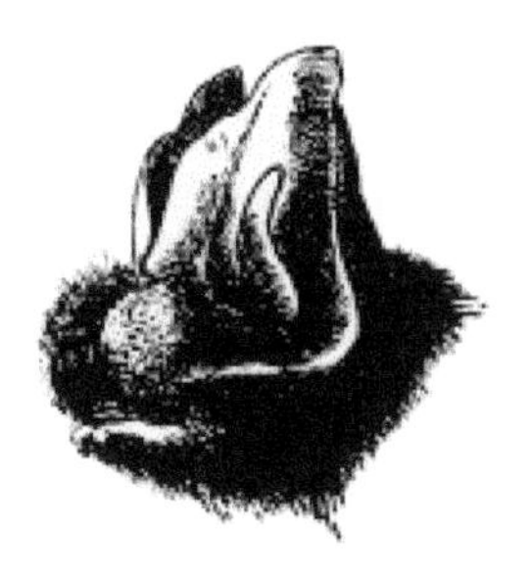

Fig. 9. Tête de Barbastelle.

Envergure $0^{m}28$, corps $0^{m}048$, queue $0^{m}044$.

Les deux sexes semblables, les jeunes avec des teintes plus sombres.

Espèce très rare en Belgique et dans le nord de la France, assez commune en Suisse et dans la plupart des départements français, indiquée toutefois comme rare en Bretagne, dans la Sarthe et quelques autres endroits.

Pendant le jour, elle est retirée dans les greniers et les clochers, suspendue aux voûtes. De bonne heure, le soir elle sort et parcourt, d'un vol rapide, élevé et irrégulier, les rues des villes, les jardins et la lisière des bois.

Aux approches de l'hiver, elle se cache dans les cavernes et les souterrains ou s'enfonce dans les fissures, mais son sommeil hibernal est peu profond et parfois elle s'envole, malgré le froid.

Elle est peu frileuse, car on a remarqué que, au contraire des autres espèces, elle se place souvent dans un courant d'air.

On la trouve souvent isolée.

GENRE **Vespérien.—Vesperugo** Keys. et Blasius.

Museau court, nez sans aucun repli; narines ouvertes au bout du museau. Deux incisives à la mâchoire supérieure de chaque côté, trois incisives à l'inférieure. Oreilles très séparées, assez larges; oreillon courbé en dedans ou droit. Ailes longues et étroites. Jambes plutôt courtes et fortes. En tout 32 ou 34 dents, par suite de la présence ou de l'absence au maxillaire supérieur d'une petite prémolaire.

1° **Vespérien noctule.**

VESPERUGO NOCTULA Keys. et Blasius.

Pelage court, brun roux dessus, presque semblable ou un peu plus clair en dessous. Oreille très large, assez courte, presque arrondie au sommet, oreillon très court, en forme de croissant, courbé en dedans. Ailes très longues et très étroites, insérées au talon; 34 dents.

Envergure 0m35 à 0m45, corps 0m072, queue 0m042 à 0m050.

Mâles et femelles semblables, les jeunes d'un brun noirâtre.

Cette espèce, commune partout, habite les arbres creux, les clochers et les greniers où elle se cache de préférence dans des trous; on ne la rencontre jamais dans les cavernes. A peine le soleil couché, on aperçoit ordinairement à une hauteur prodigieuse, de grandes Chauves-Souris qui planent lentement. Ce sont des Noctules qui, à mesure que l'obscurité se fait plus épaisse, se rapprochent de terre pour suivre, d'un vol rapide, le bord des rivières, la lisière des bois, les avenues, les rues des villes. Souvent, elles pénètrent dans les appartements et lorsqu'on les saisit, elles poussent de petits cris et des stridulations rauques.

Fig. 10.—Tête du Vespérien noctule.

Elle mange toutes sortes d'insectes, notamment des phalènes, des hannetons, des géotrupes stercoraires. Il semble prouvé que, probablement comme les autres Chauves-Souris, la Noctule chasse au crépuscule du soir pendant quelques heures, puis se repose au milieu de la nuit pour chasser de nouveau avant l'aube. Au jour, elle rentre dans sa retraite et s'y établit, seule ou par petites troupes.

Au printemps, la femelle met bas un petit, parfois deux.

Elle émet une assez forte odeur de musc.

2° **Vespérien de Leisler.**
VESPERUGO LEISLERI Kull.

Pelage brun-rougeâtre dessus, brun-jaunâtre en dessous. Oreilles larges et courtes, un peu plus allongées que celles de la Noctule; oreillon court, un peu en forme de croissant, courbé en dedans. Aile longue et étroite, insérée au talon. 34 dents.

Quelques auteurs forment pour les deux Vespériens, Noctule et Leisler, un sous-genre spécial caractérisé par la présence de quatre prémolaires supérieures et l'insertion de l'aile au talon.

Envergure 0m27, corps 0m055, queue 0m045.

Les deux sexes semblables.

Cette espèce non signalée en Belgique, très rare en France et dans la Suisse Romande, ressemble à la Noctule, mais elle est plus petite, a les incisives placées dans la direction de la mâchoire, tandis que, chez la Noctule, elles sont placées obliquement, et a l'incisive supérieure externe égale à l'interne en diamètre à la hauteur du collet, tandis que ce diamètre est double chez la Noctule.

Elle vit en petites troupes dans les greniers et les vieux bâtiments, ainsi que dans les cavités d'arbres. Elle sort dès le crépuscule et parcourt, d'un vol élevé et capricieux, les abords des villages et la bordure des bois. L'hiver, elle s'endort d'un sommeil long et profond.

Elle habite l'Europe moyenne et a été observée notamment dans les Alpes et en Lorraine.

3° **Vespérien de Savi.**
VESPERUGO SAVII Bonaparte.

(Vespertilio Maurus Blasius, V. Bonapartii Savi, Vespérien alpestre Fatio.)

Pelage très long et épais, noirâtre dessus et dessous, avec une nuance grise ou argentée. Oreilles courtes, arrondies en haut; oreillon court, ayant sa plus grande largeur vers son milieu. Ailes insérées à la base des orteils. 34 dents.

Envergure 0m22, corps 0m050, queue 0m030.

Espèce rare trouvée seulement dans les Alpes, les départements français du sud-est et la Corse, vivant pendant l'été sur les montagnes et descendant dans les pays moins élevés pour passer l'hiver.

Elle se case, durant la journée, sous les toits des chalets et des bâtiments par petites troupes, et s'envole de bonne heure, en quête d'insectes. Son vol est rapide et élevé.

4° **Vespérien pipistrelle.**
VESPERUGO PIPISTRELLUS Keys et Blasius.
(Vespertilio brachyotus Baillon.)

Pelage variable, en général brun noir dessus, brunâtre en dessous. Oreilles presque nues, plus courtes au bord interne qu'au bord externe, très peu longues et assez larges; oreillons en forme de couteau obtus, presque droits, ayant leur plus grande largeur au-dessus de leur base. Ailes longues, insérées à la base des doigts. 34 dents.

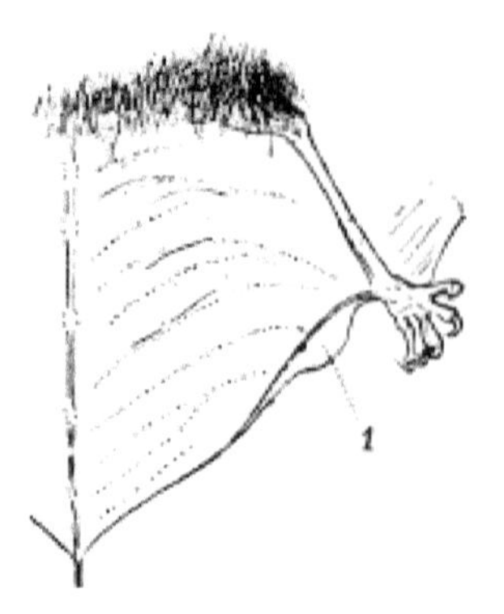

Fig. 11.—Membrane alaire et lobe porte calcanéen du Vespérien pipistrelle.

(Voir description Plance 3).

5° **Vespérien de Kuhl.**
VESPERUGO KUHLII Natterer.

Pelage brun noirâtre dessus, gris foncé en dessous. Oreille plus courte que la tête, de forme allongée ou triangulaire; oreillons plus petits que la moitié de l'oreille, à bord externe convexe et bord interne presque droit, par suite recourbé en dedans, aminci à son extrémité. Ailes noirâtres, bordées d'un filet blanchâtre; caractère qui la fait de suite reconnaître. 34 dents.

Envergure $0^{m}218$, corps $0^{m}043$, queue $0^{m}035$.

Espèce voisine de la Pipistrelle avec laquelle elle a été parfois confondue, très commune en Provence et dans tout le midi de la France, non observée dans le Centre et le Nord, non plus qu'en Belgique. Signalée en Suisse seulement dans le canton du Tessin.

Elle a les mœurs de la Pipistrelle, choisit les mêmes retraites, part en chasse de bonne heure et parcourt d'un vol rapide, capricieux et assez élevé, les abords des villes et des villages.

Aux approches de l'hiver, elle s'endort en petites compagnies, sous les toits des bâtiments et dans les endroits obscurs des greniers. Elle entre volontiers dans les appartements éclairés.

6° **Vespérien abrame.**
VESPERUGO ABRAMUS Temminck.
(Vesperugo Nathusii Keys et Blasius.)

Pelage brun de suie en dessus, brun roussâtre ou grisâtre en dessous. Oreilles courtes, très peu échancrées au milieu de leur bord externe, arrondies à leur sommet, oreillon court, à bord interne légèrement concave, guère plus étroit en haut qu'en bas. 34 dents.

Très voisine de la Pipistrelle, dont elle se distingue par les caractères ci-dessus, sa taille un peu plus forte et son museau avec les côtés de la face dénudés, tandis que, chez la Pipistrelle, la tête et la face sont très poilues.

Envergure $0^{m}24$, corps $0^{m}048$, queue $0^{m}035$.

Espèce d'Asie qui ne paraît pas avoir été observée en France pendant l'hiver. Pendant l'été, elle se montre assez fréquemment en Provence, dans les Alpes françaises et suisses et dans tout le midi de la France. Elle chasse dès le crépuscule et vole rapidement, à une faible hauteur, puis, au matin, se cache dans les greniers et les vieux bâtiments.

On a voulu former des sous-genres pour les Vespériens maure, Pipistrelle, Kuhl et Abrame, caractérisés par la présence de quatre prémolaires supérieures et l'insertion de l'aile à la base des orteils, comme on a formé un sous-genre pour les Vespériens noctule et Leisler caractérisé par l'insertion de l'aile au talon, et pour les espèces suivantes un sous-genre caractérisé par seulement deux prémolaires supérieures. Nous mentionnons seulement ces distinctions.

7° **Vespérien sérotine.**
VESPERUGO SEROTINUS Blasius.

Pelage long et doux, brun cendré dessus, brun jaunâtre en dessous. Oreilles à peine plus courtes que la tête, à sommet un peu triangulaire arrondi; oreillons assez longs, assez étroits, un peu convexes en dehors, un peu acuminés. Ailes longues, médiocrement larges, insérées près de la base des doigts. 32 dents.

Fig. 12.—Tête du Vespérien sérotine.

Envergure 0m35, corps 0m07, queue 0m05, dépassant un peu la membrane interfémorale.—Les deux sexes semblables, les jeunes plus foncés.

Rare dans le nord de la France, en Belgique et en Suisse, elle est assez commune et même très commune dans les autres provinces françaises.

On la découvre, le jour, solitaire ou par deux, dans les clochers et les granges, aussi dans les cavités d'arbres. Au crépuscule, elle se met à voler, d'abord haut et lentement, puis plus bas et capricieusement, dans les jardins, les rues des villes, les bois, sur les rivières et les étangs.

En mai, la femelle met bas un petit qui grandit si vite qu'on trouve à la fin de juillet des jeunes déjà très forts.

L'hiver, elle se retire dans les combles des clochers et des édifices ou dans les souterrains. Cette Chauve-Souris est très frileuse et redoute le mauvais temps; elle est néanmoins très vigoureuse et batailleuse; on l'a vue se défendre énergiquement contre des chats, et les mâles se livrent des combats en l'air.

Son cri est menu et strident et elle répand une odeur fade et désagréable.

8° **Vespérien discolore.**
VESPERUGO DISCOLOR Natterer.

Pelage brun noirâtre ou jaunâtre en dessus, brun cendré ou blanchâtre en dessous. Oreilles à peine plus courtes que la tête, à sommet un peu triangulaire arrondi, oreillon court, assez large au-dessus du milieu, convexe extérieurement. Ailes longues, insérées à la base des doigts. 32 dents.

Envergure 0m27, corps 0m048, queue 0m045.

Les deux sexes semblables, les jeunes plus sombres.

Espèce montagnarde qu'on trouve seulement dans les Alpes, le Jura, les Vosges et jusqu'à environ 1.300 m. d'altitude, du reste toujours rare. Elle habite l'Europe moyenne. M. de Selys ne la signale pas en Belgique.

A la nuit tombante, on la voit passer rapidement au-dessus des maisons, jardins et taillis. Au jour, elle se retire dans les trous des arbres ou des murailles et dans les combles des bâtiments.

Durant l'hiver, elle se choisit un réduit obscur de bâtiment ou le coin retiré d'un grenier, et s'y cache, soit seule, soit en compagnie de quelques autres.

9° **Vespérien boréal.**
VESPERUGO BOREALIS Nilsson.
(Vesperugo Nilssonii Keys et Blasius.)

Pelage brun noirâtre dessus avec des mèches de poils claires, gris brunâtre en dessous. Oreilles à peine plus courtes que la tête, à sommet ovale; oreillon court, à bord interne droit et bord externe un peu convexe, ayant sa plus grande largeur vers son milieu. Ailes assez longues, insérées à la base des doigts. 32 dents.

Ressemblant beaucoup à V. discolor, s'en distinguant par son oreillon plus court, le bout de la queue libre sur au moins 4 millimètres (discolor: 3 millimètres) et par une frange de poils fins et raides entourant la lèvre supérieure.

Envergure $0^{m}26$, corps $0^{m}050$, queue $0^{m}045$.

Espèce des montagnes qui habite le nord et le centre de l'Europe et dont la présence en France et en Belgique n'a pas été positivement constatée, mais qu'on a observée sur nos frontières en Allemagne et en Suisse; qui, de plus, est essentiellement voyageuse.

Son vol est rapide et élevé. Elle part de sa retraite au crépuscule et se retire, au matin, dans les clochers et les combles des édifices.

Si l'espèce V. leucippe Bonap. est identique à celle-ci, elle habiterait l'Italie.

GENRE **Vespertilion.—Vespertilio** Keys. et Blasius.

Museau assez long, nez sans aucun repli. Narines s'ouvrant au bout du museau. Oreilles séparées, plutôt minces; oreillon long; pointu, dressé ou courbé en dehors. Ailes courtes et larges. Jambes longues et menues. 38 dents.

On a fait des Vespertilions des marais, Capaccini et Daubenton un sous-genre caractérisé surtout par les pieds très grands, la membrane interfémorale formant angle aigu, dépassée par la queue sur un certain espace et un autre sous-genre pour le reste des espèces, caractérisé surtout par les pieds moins grands, la membrane interfémorale formant angle obtus, dépassée seulement par l'extrême pointe de la queue ou enveloppant entièrement la queue.

1° **Vespertilion des marais.**
VESPERTILIO DASYCNEMUS Boie.
(Vespertilio limnophilus Temminck).

Coloration brune, parfois rougeâtre ou noirâtre en dessus, d'un gris jaunâtre ou blanchâtre en dessous. Oreilles plus courtes que la tête, très échancrées et repliées en avant vers le milieu du bord externe, oreillon, de la moitié de l'oreille, en lame de couteau. Jambes longues. Aile insérée au bas du tibia.

Envergure variable: 0m20 à 0m28, corps 0m06, queue 0m05.

Les deux sexes semblables, les jeunes plus sombres.

Espèce assez commune dans l'Europe centrale, toujours assez rare en Belgique et dans les départements français septentrionaux, très rare ou inconnue dans les autres, non signalée en Suisse.

Elle sort dès le crépuscule et, d'un vol assez élevé, assez rapide et saccadé, parcourt la lisière des bois, les jardins et le pourtour des bâtiments, très souvent aussi rase la surface des eaux, ce qui lui a fait donner son nom. Le matin venu, elle rentre dans les greniers, les clochers ou les cavités d'arbres où elle se réunit en compagnies plus ou moins nombreuses.

Son sommeil hibernal est court et léger. Elle craindrait moins le froid et la pluie que la plupart des Chauves-souris du même genre.

2° **Vespertilion** à grands pieds.
VESPERTILIO MEGAPODIUS Temminck.
(Vespertilio Capaccinii Bonaparte).
(Vespertilio pellucens Crespon).

Pelage brun clair dessus, blanchâtre en dessous. Oreilles presque aussi longues que la tête, larges à la base, triangulaires au bout; oreillon long, large en bas, très menu au bout, sa partie supérieure recourbée en dehors. (Cette partie supérieure recourbée en dedans chez Dasycneme). Jambes longues. Aile insérée au tibia, un peu au-dessus du talon.

Envergure 0m24, corps 0m05, queue 0m038.

Espèce méridionale assez commune dans le sud et le sud-est de la France où elle remplace sa voisine Dasycneme, dont elle a les mœurs, non indiquée de Belgique et de Suisse.

Elle se cache, le jour, dans les greniers et les clochers, a le vol assez rapide et capricieux, aime à raser la surface des rivières, et, l'hiver, se retire dans les cavernes et les souterrains.

3° **Vespertilion de Daubenton.**
VESPERTILIO DAUBENTONII Leisler.
(Vespertilio lanatus Crespon).

Pelage gris noirâtre ou brunâtre foncé en dessus, gris roussâtre foncé en dessous. Oreilles un peu plus courtes que la tête, coudées au bord externe;

oreillon droit, pointu, un peu plus court que la moitié de l'oreille, convexe en dehors à sa base. Pieds très grands. Aile insérée au métatarse.

Envergure 0^m24, corps 0^m05, queue 0^m04.

Les deux sexes semblables, les jeunes plus sombres.

Espèce commune dans toute l'Europe moyenne, répandue en Suisse, en Belgique aussi en France, assez rare pourtant dans le centre et dans l'ouest.

Cachée pendant le jour dans une caverne, un clocher ou un trou d'arbre, elle ne sort en général que si le temps est beau, et aime à chasser à la surface des eaux, le plus souvent en troupes. Là, elle attrape toutes sortes d'insectes, notamment les trichoptères et les cousins. Certains auteurs disent qu'elle se montre seulement lorsque l'obscurité est profonde; d'autre part, M. Réguis l'a vue, en Provence, chasser les libellules qui sont pourtant, sauf deux espèces un peu crépusculaires, des insectes ne volant qu'au soleil.

Au printemps, la femelle met bas un petit qu'elle emporte avec elle, comme les autres Vespertilions, bien que son vol soit rapide et très irrégulier.

L'hiver, elle s'endort profondément dans les caves et les cavernes, où elle se suspend aux voûtes et se blottit dans une fissure.

4° **Vespertilion** échancré.
VESPERTILIO EMARGINATUS Geoffroy.
(V. rufescens Crespon—V. ciliatus Blasius).

Pelage légèrement laineux, roux dessus, roussâtre clair en dessous. Oreilles à peu près de la longueur de la tête, échancrées à leur bord supérieur externe; oreillon très long, pointu, en forme de couteau un peu recourbé en dehors au bout; les oreilles et les membranes d'un brun rougeâtre. Pieds moyens. Aile insérée à la base des doigts.

Envergure 0^m22, corps 0^m045, queue 0^m037 à 0^m040.

Assez commun en Belgique et en France, notamment dans le centre, très rare en Suisse, il habite, l'été, les greniers, clochers, caves et souterrains, fréquente les rivières et les étangs d'un vol bas et assez rapide. L'hiver, il se retire dans les souterrains et les grottes où il s'accroche aux voûtes ou s'enfonce profondément dans les fissures.

Il ressemble beaucoup au Vespertilion de Natterer ci-après, mais on l'en distinguera toujours par l'absence de poils raides au bord de sa membrane interfémorale, par la couleur rousse de son dos et la coloration roussâtre de son ventre.

5° **Vespertilion de Natterer.**
VESPERTILIO NATTERERI Kuhl.

Pelage brun clair ou cendré en dessus, blanchâtre, grisâtre ou même blanc en dessous. Oreilles grandes, assez étroites, aussi longues au moins que la tête, très peu échancrées au bord externe; oreillon long, étroit, à pointe fine, un peu recourbé en dehors; les oreilles et membranes brunâtres, la membrane interfémorale frangée de courts poils raides. Pieds moyens. Aile insérée à la base des doigts.

Envergure $0^{m}26$; corps $0^{m}043$; queue $0^{m}040$ presque aussi longue que le corps.

Les deux sexes semblables, les jeunes d'une teinte plus sale.

Espèce rare dans la Suisse Romande, assez rare en Belgique, assez commune presque partout en France; indiquée cependant comme rare dans certains départements du nord et de l'ouest, Somme, Sarthe, etc. On la trouve dans toute l'Europe moyenne.

Elle habite, durant l'été, les arbres creux, les greniers, les clochers et vole, le soir, plutôt lentement, à une hauteur moyenne. Elle aime aussi raser la surface des étangs et y chasser les trichoptères.

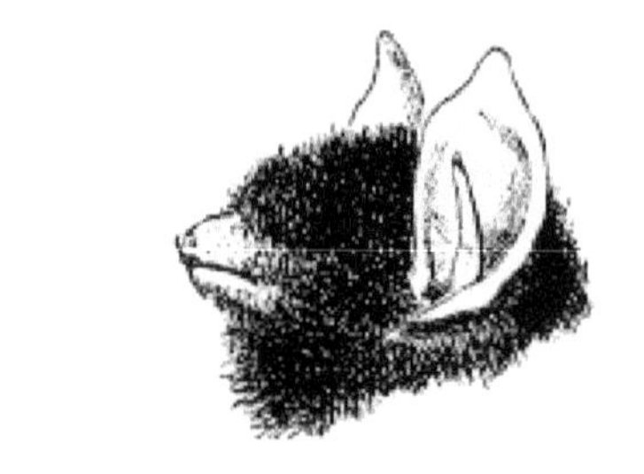

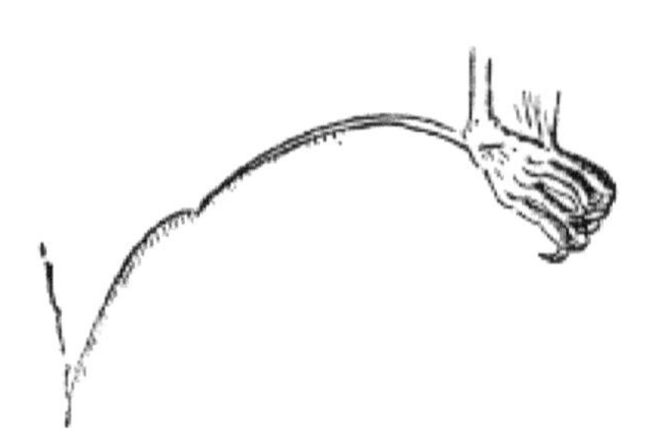

Fig. 13.—Tête du Vespertilion de Natterer.

L'hiver, elle gagne les caves et cavernes où elle se suspend parfois, mais, le plus souvent, s'enfonce dans une fente assez profondément.

6° **Vespertilion de Bechstein.**
VESPERTILIO BECHSTEINI Leisler.

Pelage brun roux en dessus, grisâtre en dessous. Oreilles nues, très grandes, plus longues que la tête, un peu échancrées à leur bord supérieur externe; oreillon assez long, pointu, plus court que la moitié de l'oreille, un peu recourbé en dehors; les oreilles et les membranes brunâtres. Bord de la membrane interfémorale dépourvu de poils et sans aucun feston. Pieds moyens. Ailes insérées à la base des doigts.

Envergure 0^{m}28; corps 0^{m}050; queue 0^{m}037, beaucoup plus courte que le corps.

Les deux sexes semblables. Il ressemble d'apparence au V. de Natterer ci-dessus, sa coloration est presque identique, ses oreillons et sa dentition sont absolument les mêmes, mais la marge de sa membrane interfémorale est entière, ses oreilles sont beaucoup plus larges et elle a une plus grande envergure.

Espèce non signalée en Suisse, très rare en Belgique, rare partout et cependant assez uniformément observée en France. On n'a guère parlé de son vol. Les individus capturés en divers endroits l'ont été, pendant la belle saison, dans des troncs d'arbres creux, et pendant l'hiver, dans des carrières, des fissures de chambres souterraines ou des fentes dans les voûtes de caves.

On la rencontre de temps en temps dans le département de l'Indre.

Quand on la saisit, elle jette des cris plaintifs assez analogues à ceux d'un tout petit enfant.

7° **Vespertilion murin.**
VESPERTILIO MURINUS Linné.
(Vespertilio myotis Bechstein).

Pelage brun roux en dessus, gris pâle en dessous. Oreilles nues, plus longues que la tête, à peine échancrées au bord externe. Oreillon droit, long, étroit, pointu, de moitié de l'oreille. Aile insérée près de la base des doigts, au métatarse.

Envergure 0^{m}38; corps 0^{m}09; queue 0^{m}045.

Les deux sexes semblables, les jeunes semblables ou d'un gris plus cendré.

Grande espèce commune partout, qui se loge, pour la journée, dans les greniers, les clochers, les arbres creux et très volontiers dans les puits où elle s'introduit par la moindre fissure. La nuit venue, elle parcourt tantôt lentement, tantôt assez vite, à une faible hauteur, les rues, avenues, lisières de bois, et entre, au besoin, dans les chambres où se trouve de la lumière.

Dès la fin de septembre, elle choisit sa retraite d'hiver, sauf à sortir quelquefois par les belles soirées d'octobre, et se loge dans les fissures des cavernes par troupes souvent nombreuses. Elle se suspend très rarement. Son sommeil est profond.

Les femelles font ordinairement leurs petits en mai.

Cette Chauve-Souris s'habitue aisément à la captivité. M. R. Rollinat, qui l'a élevée en cage, a constaté que son appétit était énorme; elle dévorait sans peine des milliers de mouches ou des centaines de criquets dans la même journée, et pour boire, elle trempait dans l'eau son museau, puis relevait vivement la tête, à la manière des poulets.

Son cri strident est assez fort, comparable, suivant M. Rollinat, aux cris des moineaux qui se battent; à d'autres moments, elle fait entendre un grésillement ou un bourdonnement semblable à celui d'une grosse mouche.

8° **Vespertilion à moustaches.**
VESPERTILIO MYSTACINUS Leisler.

Pelage long, en dessus d'un brun roux très foncé, en dessous d'un gris roussâtre. Oreilles de la longueur de la tête ou un peu plus courtes, ondulées à leur bord externe; oreillon, de la moitié de l'oreille, étroit, assez pointu, à peu près droit. Les oreilles, le nez et les membranes noirâtres; toute la coloration, du reste, assez variable. Ailes insérées à la base des doigts.

Envergure $0^{m}22$; corps $0^{m}040$; queue $0^{m}035$.

Les deux sexes semblables, les jeunes plus sombres, avec la base des ailes noire.

Petite espèce qui habite toute l'Europe centrale, ne craint pas de s'élever dans les montagnes et se trouve communément partout en Suisse, en Belgique et en France. Elle est même très répandue dans l'Indre et autres départements du centre.

On la voit, de bonne heure en été, voltiger à une faible hauteur, sur les rivières et les étangs, saisissant les trichoptères et les diptères à la surface de l'eau. Pendant la journée, elle se case un peu partout, dans les trous d'arbres et de murs, dans les greniers et les cavernes. En hiver, elle dort d'un sommeil léger, isolée ou par compagnies, dans les carrières, cavernes et souterrains, tantôt suspendue, tantôt au fond d'une fissure.

Les Chauves-Souris semblent n'avoir guère d'ennemis; cependant les Rapaces, surtout les nocturnes, en saisissent quelques-unes et nous avons trouvé dans l'estomac d'une pie un Vespertilion à moustaches intact. L'oiseau avait dû le prendre dans une cavité d'arbre et l'avait avalé tout entier.

GENRE **Minioptère.—Miniopterus** Bonaparte.

Museau large, dessus de la tête très bombé; nez sans aucun repli; narines ouvertes au bout du museau. Oreilles bien séparées, très courtes, triangulaires, oreillon analogue à celui des Vespériens. Ailes très longues, étroites et très sinueuses. La première phalange du deuxième doigt de l'aile très courte. Jambes plutôt longues.

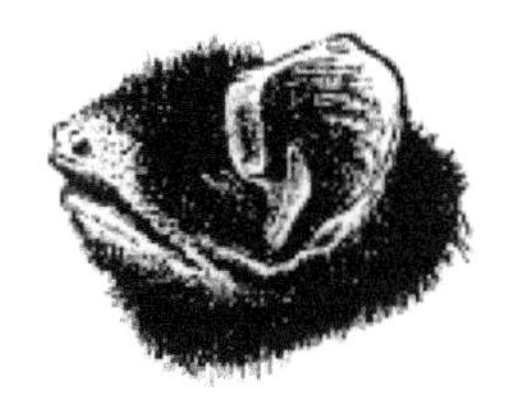

Fig. 14.—Tête du Minioptère de Schreibers.

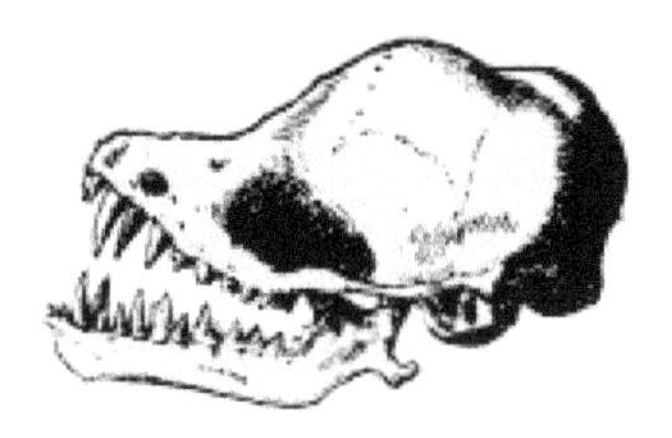

Fig. 15.—Crâne du Minioptère de Schreibers.

Queue au moins aussi longue que tout le corps, complètement prise dans la membrane interfémorale. En tout 36 dents, les incisives supérieures séparées des canines et séparées entre elles.

Minioptère de Schreibers.

MINIOPTERUS SCHREIBERSI Natterer.

Pelage court, brun cendré ou gris dessus; grisâtre en dessous. Oreilles beaucoup plus courtes que la tête; oreillon, de moitié de l'oreille, étroit, penché en dedans. Aile insérée au tibia.

Envergure: $0^{m}28$ à $0^{m}30$; corps $0^{m}050$; queue $0^{m}056$.

Habite la Suisse, habite aussi en France les Pyrénées, la Provence et plusieurs départements du midi et du sud-est, où elle n'est pas commune. Excessivement rare ou inconnue ailleurs.

Elle semble préférer aux villes et aux habitations les endroits sauvages et elle circule, d'un vol élevé et très rapide, autour des bois, dans les clairières et sur les chemins des campagnes, dès que la nuit est venue. Au matin, elle rentre par petites troupes dans les souterrains et les grottes les plus profondes, où elle vit, l'hiver aussi bien que l'été.

FAMILLE DES EMBALLONURIDÉS

GENRE **Molosse.—Nyctinomus** E. Geoffroy.

Fig. 16.—Aile de Molosse.

Museau épais, tronqué; le nez dépassant la lèvre inférieure; narines ouvertes au bout du museau. Oreilles soudées du coté interne; oreillon très court, très large, presque carré. Ailes très longues et très étroites. Queue épaisse, prise dans sa première moitié dans la membrane interfémorale, libre dans sa seconde moitié. En tout 32 dents.

Molosse de Cestoni.

NYCTINOMUS CESTONII Savi.

(Dynops Cestonii Savi—Dysopes Cestonii Wagner).

Pelage brun roux, ou jaunâtre, ou gris noirâtre. Oreilles larges, triangulaires, réunies à la base, leur centre rabattu sur les yeux. Lèvres plissées. Museau rappelant celui d'un bouledogue. Queue libre sur un long espace.

Envergure $0^{m}364$; corps $0^{m}078$; queue $0^{m}046$.

Espèce répandue dans le monde sur un très vaste territoire, puisqu'on la trouve dans la plus grande partie de l'Asie, dans une partie de l'Afrique, dans l'Europe centrale et méridionale, mais assez peu observée en France où on l'a capturée à diverses reprises, seulement dans le Var, les Bouches-du-Rhône et les Alpes-Maritimes, et plutôt rare partout. Du reste, facilement reconnaissable à son facies très particulier.

Fig. 17.—Tête du Molosse de Cestoni.

Elle habite les cavernes où elle se suspend aux voûtes.

Un individu, capturé dans une chambre où il s'était introduit, a donné lieu à quelques observations: très hargneux et méchant au début, il s'habitua assez vite et devint familier; il se nourrissait d'insectes et, pour boire, trempait dans l'eau tout son museau, comme fait le Murin; il courait relativement vite avec ses pieds bien dégagés, et sa voix était une sorte de grincement clair et métallique.

Clé synoptique pour la détermination des espèces.

Un grand repli membraneux en forme de feuille sur la face. Pas d'oreillons. Ailes courtes et larges. Toujours 32 dents (Rhinolophidés).	1
Pas de grand repli membraneux en forme de feuille sur la face. Des oreillons très courts et carrés. Queue très épaisse, dépassant de la moitié de sa longueur la membrane interfémorale. Toujours 32 dents. Ailes très longues et très étroites. (Emballonuridés).	**Cestonii**
Pas de grand repli membraneux en forme de feuille sur la face. Des oreillons plus ou moins allongés. Queue longue et étroite prise dans la membrane interfémorale et ne dépassant cette membrane que de un à trois millimètres. De 32 à 38 dents.	4
1. Grande taille (envergure: $0^{m}36$), première prémolaire en dehors de la ligne des dents, la deuxième accolée à la canine. Aile insérée au talon.	**ferrum equinum**

1. Taille moyenne ou petite (envergure $0^{m}22$ à $0^{m}28$) première prémolaire sur la ligne des dents, la deuxième séparée de la canine par la première. 2

2. Taille petite (envergure: $0^{m}22$ à $0^{m}23$). Membrane interfémorale anguleuse, laissant à peine libre l'extrême pointe de la queue. **hipposideros**

2. Taille moyenne (envergure: $0^{m}28$), membrane interfémorale carrée, légèrement dépassée par la queue. 3

3. Aile insérée au talon. Côtés de la selle convergeant vers le haut. **Blasii**

3. Aile insérée au tibia, au-dessus du talon. Côtés de la selle droits, parallèles. **euryale**

4. Sommet de la tête très bombé, très élevé au-dessus du museau. Incisives supérieures séparées entre elles et séparées des canines. **Schreibersi**

4. Sommet de la tête plat, peu élevé au-dessus du museau. Incisives supérieures accolées deux par deux de chaque côté à la canine correspondante. 5

5. Narines s'ouvrant sur la partie dorsale du museau, au fond d'une rainure. Oreilles soudées ensemble à leur base. 6

5. Narines s'ouvrant normalement au bout du museau. Oreilles séparées. 7

6. Oreilles beaucoup plus longues que la tête, dont le bord externe s'insère latéralement à l'angle de la bouche. Ailes larges; 36 dents. **auritus**

6. Oreilles à peine de la longueur de la tête, moyenne, leur bord externe s'insérant en avant, entre les yeux et la bouche. Ailes moyennes; 34 dents. **barbastellus**

7. Bord externe de l'oreille inséré beaucoup plus bas que le bord interne, vers le coin des lèvres. Oreilles ordinairement plus courtes que la tête, plus ou moins triangulaires. Oreillon droit ou courbé en dedans. Museau presque nu. Ailes longues et étroites; 32 ou 34 dents (genre Vesperugo). 8

7. Bord externe de l'oreille inséré plus ou moins en face du bord interne, vers la base de l'oreillon. Oreilles 14

ordinairement aussi longues ou plus longues que la tête, ovales. Oreillon long, pointu, plus ou moins courbé en dehors. Museau poilu. Ailes larges et courtes; 38 dents (genre Vespertilio).

8. Seulement 32 dents, soit seulement deux prémolaires supérieures.

8. 34 dents, soit quatre prémolaires supérieures. 10

9. Grande taille (envergure $0^{m}35$). Oreillon moyennement long ayant sa plus grande largeur immédiatement au-dessus de la base de son bord interne. Les deux dernières vertèbres caudales libres. **serotinus**

9. Taille assez petite (envergure $0^{m}27$). Oreillon court ayant sa plus grande largeur immédiatement au-dessus du milieu de son bord interne. Seulement la dernière vertèbre caudale libre. **discolor**

9. Taille assez petite (envergure $0^{m}26$). Oreillon court ayant sa plus grande largeur vers le milieu de son bord interne. Les deux dernières vertèbres caudales libres. **borealis**

10. Membrane de l'aile s'insérant au talon ou au-dessus. Oreillon dilaté en haut. 11

10. Membrane de l'aile s'insérant à la base des orteils, oreillon non dilaté en haut. 12

11. Grande taille (envergure $0^{m}35$ à $0^{m}45$), pelage à peu près unicolore. Incisives inférieures formant un angle droit avec la mâchoire. **noctula**

11. Taille assez petite (envergure $0^{m}27$), pelage bicolore. Incisives inférieures dans la direction de la mâchoire. **Leisleri**

12. Oreillon ayant sa plus grande largeur vers son milieu. Bord externe de l'oreille convexe en bas, convexe en haut. Pelage noir. **Savii**

12. Oreillon ayant sa plus grande largeur immédiatement au-dessus de la base de son bord interne. Pelage non coloré en noir. 13

13. Les deux bords de l'oreillon parallèles. Bord externe de l'oreille échancré à son tiers supérieur. Membrane interfémorale non bordée de blanc. **pipistrellus**

13. Les deux bords de l'oreillon parallèles. Bord externe de l'oreille droit. Membrane interfémorale non bordée de blanc. **abramus**

13. Le bord externe de l'oreillon convexe, son bord interne droit. Bord externe de l'oreille un peu concave dans son tiers supérieur. Membrane interfémorale bordée de blanc. **Kuhlii**

14. Pied très grand. Les deux dernières vertèbres de la queue dépassant la membrane interfémorale. 15

14. Pieds moyens. La queue ne dépassant pas la membrane interfémorale ou la dépassant d'une façon à peine visible. 16

15. Membrane insérée au talon. Oreillon très aigu à sa partie supérieure recourbée en dehors; son bord interne convexe. **megapodius**

15. Membrane insérée au talon. Oreillon obtus à sa partie supérieure recourbée en dedans; son bord interne un peu concave. **dasycneme**

15. Membrane insérée aux métatarsiens. Oreillon droit. **Daubentoni**

16. Oreillon effilé en haut, à pointe aiguë et recourbée en dehors. Oreilles de la longueur de la tête. 17

16. Oreillon droit, à pointe subaiguë ou obtuse. Oreilles de la longueur de la tête ou beaucoup plus longues. 18

17. Oreille presque aussi longue que la tête, avec le bord externe profondément échancré. **emarginatus**

17. Oreille plus longue que la tête, avec le bord externe à peine échancré. Bord libre de la membrane interfémorale frangé de poils raides. Queue aussi longue que la tête et le corps. **Nattereri**

17. Oreille plus longue que la tête, avec le bord externe à peine échancré. Bord libre de la membrane interfémorale sans poils. Queue plus courte que la tête et le corps. **Bechsteinii**

18. Oreille de la longueur de la tête, très échancrée au bord externe. **mystacinus**

18. Oreille beaucoup plus longue que la tête, à peine échancrée au bord externe. **murinus**

Ordre II.—Insectivores.

Les Insectivores, répartis en France, en Belgique et en Suisse en trois familles, celle des Hérissons, celle des Musaraignes et celle des Taupes et des Desmans, sont des Mammifères terrestres, plantigrades, ayant une clavicule, tous de taille assez petite ou très petite, ayant quatre pattes à cinq doigts pourvus d'ongles, les oreilles et les yeux petits, le museau plus ou moins allongé; la queue variable, tantôt longue, tantôt très courte. Leurs mamelles sont placées différemment, suivant les genres.

Ils ont de 28 à 44 dents: toujours à chaque mâchoire plus de deux incisives, des canines plus ou moins développées, des molaires en tubercules aigus rappelant celles des Chauves-Souris, et jamais de barre, c'est-à-dire cette séparation qui existe entre les dents des Rongeurs.

Ils sont tous plus ou moins nocturnes; quelques-uns ont, comme les Chauves-Souris, un sommeil hibernal.

Les petits naissent nus, sourds et aveugles, mais se développent très rapidement.

Les Insectivores de nos contrées sont classés en trois familles:

Les Erinaceidés, caractérisés par leur forme normale, les quatre pattes organisées pour la marche, les yeux moyens, le museau en forme de groin, les poils transformés sur la plus grande partie du corps en piquants acérés; la queue courte et dix mamelles.

Les représentants français, belges et suisses de cette famille s'engourdissent pendant l'hiver et sont omnivores. On trouve des Erinaceidés dans beaucoup de parties de l'ancien monde, mais une seule espèce en France. Notons cependant que le Dr Siépi a signalé l'existence dans le Var du Hérisson d'Algérie, une espèce un peu différente du Hérisson européen.

Les Talpidés, caractérisés par le cou très court, les pieds de forme très particulière, les ongles très forts organisés pour fouir et creuser la terre, les yeux extrêmement petits et 44 dents. Ils ne se nourrissent que de proies vivantes. Ils se divisent eux-mêmes en deux sous-familles:

Celle des Taupes, avec deux espèces françaises, adaptée à la vie exclusivement souterraine, ayant le museau en forme de boutoir, six incisives à la mâchoire supérieure et huit à la mâchoire inférieure, les canines fortes, le pied de devant court transformé en une très large palette, admirablement organisée pour creuser des galeries souterraines et marcher dans ces galeries, le pied de derrière à peu près normal, la queue courte et velue.

Celle des Desmans, avec une espèce française, adaptée à la vie aquatique et à demi souterraine, ayant le museau en forme d'une longue trompe, quatre incisives à la mâchoire supérieure et autant à l'inférieure, les canines très petites, le pied de devant petit et palmé, le pied de derrière très grand et palmé, la queue très longue.

Les Soricidés, caractérisés par les membres organisés pour la marche normale, le museau très allongé, 28 à 32 dents, les yeux petits, le corps couvert de poils ordinaires, la forme de petites souris. Ils sont exclusivement carnivores et insectivores.

FAMILLE DES ERINACEIDÉS

Tête large à sa base, conique; oreilles arrondies, petites, dépassant les poils. Incisives médianes longues, les inférieures peu recourbées, les canines petites; en tout 36 dents.

Hérisson d'Europe. ERINACEUS EUROPÆUS Linné.

(Voir la plance 4).

FAMILLE DES TALPIDÉS

GENRE **Taupe.—Talpa** Linné.

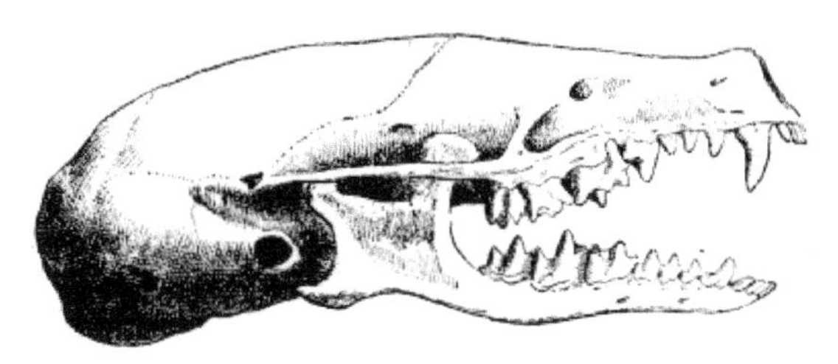

Fig. 18.—Crâne de la Taupe commune.

Tête large à la base, sans oreilles visibles; museau allongé, terminé par une espèce de boutoir; canines supérieures fortes; yeux très petits ou même cachés sous une peau; corps allongé et cylindrique avec les membres courts, les antérieurs en forme de larges mains, les postérieurs étroits. Queue courte. 44 dents.

1. Taupe commune. TALPA EUROPÆA Linné.
(Voir la plance 5).

2. Taupe aveugle. TALPA CŒCA Savi.

La Taupe aveugle qui habite certains départements des bords de la Méditerranée et celui de la Gironde n'est probablement qu'une variété de la Taupe commune, une forme en train de subir des modifications.

GENRE **Desman.—Myogalea** Fischer.

Museau prolongé en une petite trompe très longue et très flexible; queue longue, écailleuse, aplatie aux côtés; 22 dents à chaque mâchoire.

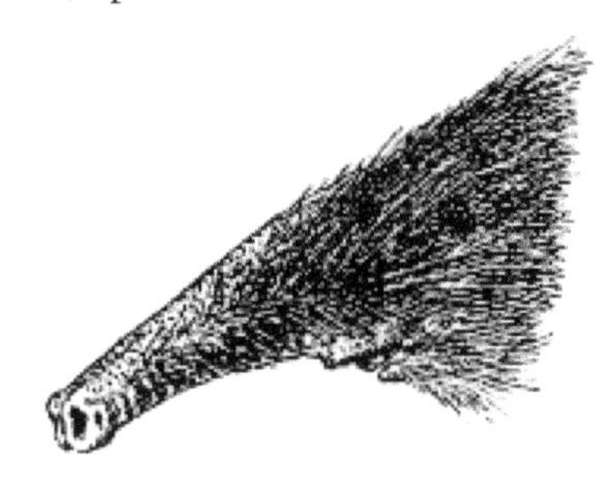

Fig. 19.—Museau du Desman des Pyrénées.

Desman des Pyrénées. MYOGALEA PYRENAICA Geoffroy.
(Voir la plance 6).

FAMILLE DES SORICIDÉS

GENRE **Crocidure.—Crocidura** Wagler.

Dents blanches, les incisives supérieures médianes recourbées en hameçon avec un talon pointu, les médianes inférieures entières, non dentelées; canines petites; molaires surmontées de tubercules aigus. Yeux très petits; oreilles arrondies, petites, mais dépassant les poils. Museau long et mobile. Corps allongé, membres courts, queue arrondie, aussi longue que le corps. 28 et 30 dents.

1° **Crocidure aranivore.** CROCIDURA ARANEUS Schreber. (Voir la plance 7).

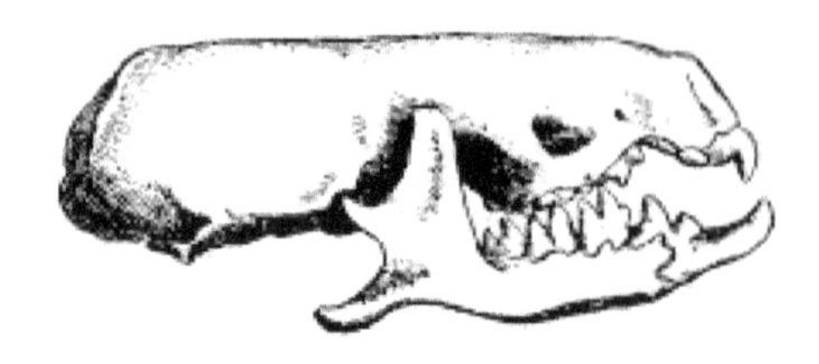

Fig. 20.—Crâne du Crocidure aranivore.

2° **Crocidure leucode.** CROCIDURA LEUCODON Hermann. (Leucodon micrurus Fatio).

Pelage brun foncé en dessus, blanc en dessous, les deux teintes nettement séparées; oreilles peu velues; queue plus courte que la moitié du corps, couverte de poils courts avec quelques longs poils épars, brune dessus, blanche dessous. La tête plus longue que celle de l'Aranivore. 28 dents.

Longueur du corps $0^{m}075$, de la queue $0^{m}029$.

Les deux sexes et les jeunes semblables, ces derniers parfois plus gris.

Cette espèce a tout à fait les mœurs de la Musette et s'attaque, comme elle, à tous les insectes, aux vers, aux petits mammifères et aux oiseaux, à toutes sortes de larves et aux chenilles, mais elle s'approche moins des habitations et rôde plutôt dans les endroits broussailleux, les buissons autour des champs et la lisière des bois. Elle fait, comme l'autre, de février à octobre, de deux à quatre portées, chacune de 3 à 4 petits.

La Crocidure leucode, très rare en Belgique, assez rare en Suisse, est plus commune que l'Aranivore dans le nord-est et l'est de la France, mais dans le sud, l'ouest et le centre, elle est beaucoup plus rare.

3° **Crocidure étrusque.** CROCIDURA ETRUSCA Savi.

Pelage gris cendré roussâtre en dessus, les flancs et le dessous du corps d'un gris blanchâtre, les teintes se fondant l'une dans l'autre. Queue grosse, de la longueur du corps sans la tête, couverte de poils courts et de quelques longs poils, carrée et diminuant peu à peu de grosseur. Tête longue, oreilles assez grandes. 30 dents.

Longueur du corps $0^{m}035$, de la queue $0^{m}025$.

Les deux sexes semblables, les jeunes de couleur plus foncée.

Cette espèce dont certains auteurs ont fait un genre séparé (Pachyura Selys) n'a pas de glande odorante et est beaucoup plus petite que les autres.

Elle habite les départements du midi de la France et remonte vers l'est et le centre jusqu'au département de l'Allier, où elle doit être rare, tandis qu'à l'ouest, elle ne remonte pas jusqu'à la Gironde.

Comme les autres Crocidures, elle est très carnassière, et malgré sa petitesse, attaque tous les insectes, même les oisillons et les petits mammifères. Elle vit dans les haies et les broussailles et, durant l'hiver, pénètre quelquefois dans les granges et les habitations.

GENRE **Musaraigne.**—Sorex Linné.

Dents rouges au bout, les incisives supérieures très recourbées, ayant le talon aussi saillant que la pointe, les médianes inférieures très dentelées; canines petites, molaires surmontées de tubercules aigus. Yeux très petits, oreilles petites disparaissant sous les poils. Museau long et mobile. Corps allongé; membres courts. Queue cylindrique ou carrée. 32 dents.

1° **Musaraigne carrelet.** SOREX VULGARIS Linné.
(Sorex tetragonurus Hermann. Sorex coronatus Millet.)
(Voir la plance 8).

2° **Musaraigne pygmée.** SOREX PYGMŒUS Laxmann et Pallas.

Pelage gris brunâtre ou marron dessus, blanchâtre ou cendré en dessous. Pieds blanchâtres. Oreilles dépassant un peu les poils. Queue fauve, un peu plus longue que le corps sans la tête, poilue, épaisse, avec pinceau de poils à l'extrémité. Museau très long. Ressemblant beaucoup au Carrelet, mais d'un tiers plus petite, avec la queue plus longue et plus grosse.

Longueur du corps $0^{m}048$, de la queue $0^{m}037$.

Les deux sexes et les jeunes semblables.

Cette espèce est généralement rare et très localisée, mais elle a dû être confondue avec des jeunes de l'espèce précédente. Habitant surtout l'Europe moyenne et septentrionale, elle est indiquée notamment comme rare en

Belgique, dans la Manche, dans la Sarthe, en Anjou, en Bretagne et dans l'est de la France, comme commune dans les Alpes et le Var. Les auteurs des faunes locales du Nord, du Pas-de-Calais, de la Somme, de la Lorraine, du Jura, du Doubs, de l'Aube, de la Gironde, de l'Ardèche, ne la mentionnent pas. Elle n'a pas non plus été observée dans les départements du centre.

Comme le Carrelet, dont elle a les mœurs, elle vit dans les endroits couverts de broussailles et humides ou sur la lisière des taillis, se nourrissant surtout de vers et d'insectes. Elle s'introduirait volontiers dans les ruches pour détruire les abeilles.

3° **Musaraigne des Alpes.** SOREX ALPINUS Schinz.

Pelage fourré, cendré ou gris ardoisé en dessus, plus clair en dessous. Pieds gris. Oreilles ne dépassant guère les poils. Queue noirâtre, à peu près de la longueur du corps, couverte de poils avec pinceau au bout. Chez cette espèce, le talon des incisives supérieures est moins saillant que chez les autres espèces, et un peu plus bas que la dent suivante. La taille varie beaucoup.

Longueur du corps $0^{m}066$ à $0^{m}075$, de la queue $0^{m}06$ à $0^{m}07$.

Espèce plutôt rare qui habite les départements montagneux de la France, le Jura, les Pyrénées, les Alpes françaises et suisses; observée aussi dans le Doubs. On l'y rencontre jusqu'à une altitude de 2.500 mètres.

Elle se nourrit d'insectes et de petits mammifères et oisillons qu'elle trouve en chassant dans les bois, les endroits herbeux et le bord des torrents. Elle entre dans les chalets et se noie parfois dans les baquets de laitage, en essayant d'y boire.

GENRE **Crossope.—Crossopus** Wagler.

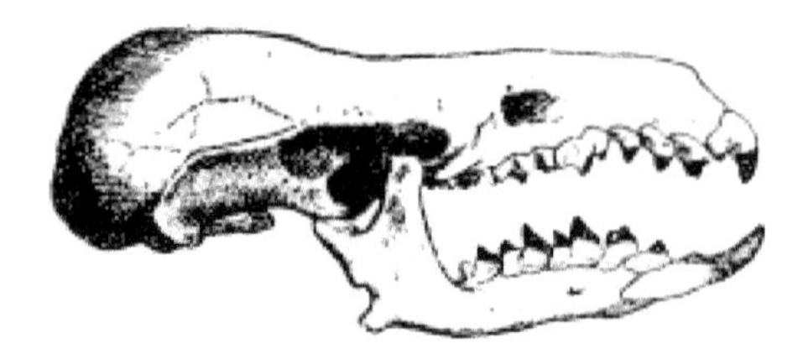

Fig. 21.—Crâne du Crossope aquatique.

Dents rouge orangé au bout, les incisives supérieures très recourbées en hameçons, sans dentelures, les inférieures longues et un peu recourbées; canines petites, molaires surmontées de tubercules aigus. Yeux très petits; oreilles arrondies, à peu près cachées sous le poil. Museau long et mobile. Corps allongé, membres courts. Queue quadrangulaire, presque aussi longue que le corps sans la tête, ciliée en dessous. Pieds forts, larges, pourvus de soies raides. 30 dents.

Crossope aquatique. CROSSOPUS FODIENS.
(Voir la plance 9.)

ORDRE III.—Rongeurs.

Les Rongeurs sont des Mammifères terrestres, tous de taille petite ou moyenne, ayant quatre pattes pourvues d'ongles, avec le pouce parfois rudimentaire, les oreilles et les yeux variables, ainsi que le nombre des mamelles: la queue tantôt très longue, tantôt courte ou très courte.

Leur caractère principal réside dans la dentition; leurs incisives sont très développées et arquées, leurs molaires à tubercules plus ou moins aplatis ou à proéminences formant des lignes brisées, et ils n'ont pas de canines. La place des canines est occupée par un grand espace vide auquel on a donné le nom de barre. Leurs incisives croissent sans cesse et s'usent en proportion.

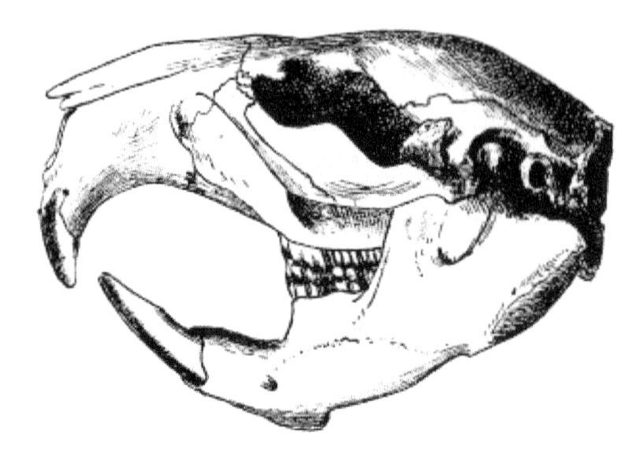

Fig. 22.—Crâne du Castor ordinaire.

Ils vivent de substances végétales ou sont omnivores, sont tantôt diurnes et tantôt nocturnes; quelques-uns ont un sommeil hibernal. Chez eux, la gestation est particulièrement courte, car elle dure seulement de trois à six semaines; les petits, sauf exception, naissent nus, sourds et aveugles. Plusieurs ont l'instinct d'amasser des provisions, d'autres de voyager et au besoin de faire une longue émigration.

La plupart ont une clavicule destinée à maintenir écartés les membres de devant, et ils se servent de leurs pattes antérieures pour porter leur nourriture à la bouche; d'autres n'ont qu'une clavicule rudimentaire.

Cinq familles de cet ordre ont en France des représentants indigènes, quatre seulement en Belgique et en Suisse.

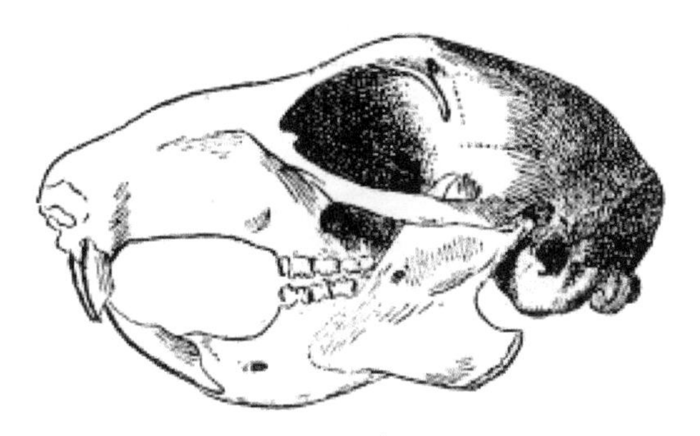

Fig. 23.—Crâne de l'Écureuil commun.

Les Castoridés, avec une clavicule, deux incisives supérieures, quatre molaires par mâchoire, non tuberculées, mais présentant des replis inversement contournés en haut et en bas, en tout 20 dents; le crâne fort, large et court, cinq doigts à tous les pieds; la queue en large palette écailleuse.

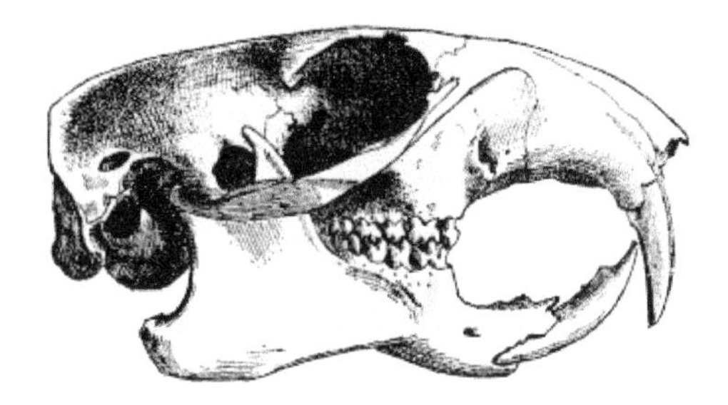

Fig. 24.—Crâne de la Marmotte vulgaire.

Les Sciuridés, qui ont une clavicule, deux incisives supérieures, quatre molaires simples en bas et quatre ou cinq en haut par mâchoire, soit 20 ou 22 dents; le crâne fort, large et court; quatre doigts avec un pouce rudimentaire aux pieds; la queue touffue de la longueur du corps dans le groupe des Écureuils, ou courte dans le groupe des Marmottes.

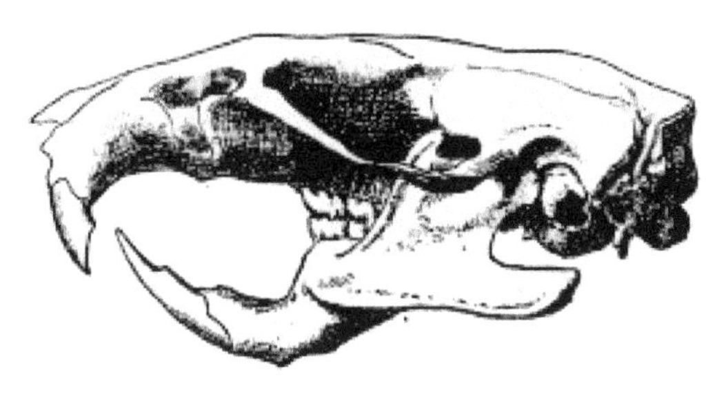

Fig. 25.—Crâne du Rat surmulot.

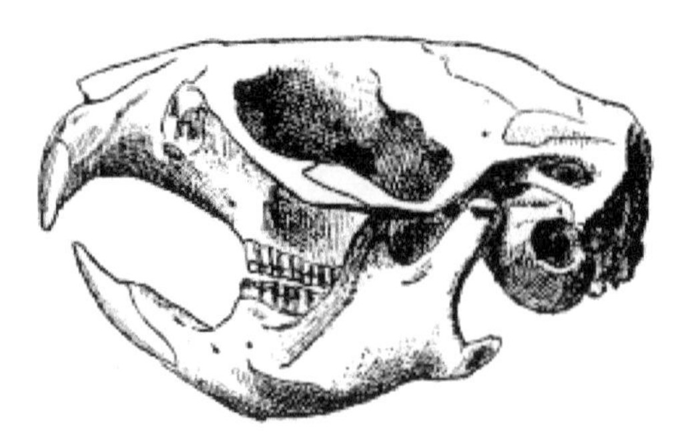

Fig. 26.—Crâne du Campagnol Rat d'eau.

Les Myoxidés ayant pour caractères principaux une clavicule, deux incisives supérieures, deux prémolaires et six molaires à chaque mâchoire, en tout 20 dents; le crâne un peu allongé, quatre doigts avec un pouce rudimentaire devant et cinq derrière; la queue longue et poilue; les yeux grands, les oreilles moyennes et l'habitude d'un sommeil hibernal.

Les Muridés dont les caractères sont: une clavicule, deux incisives supérieures, pas de prémolaires, en tout 16 dents chez les Muridés d'Europe; le crâne assez allongé; quatre doigts avec un pouce rudimentaire devant et cinq derrière; la queue longue dans le groupe des Rats, courte dans celui des Campagnols.

Les Léporidés ou Duplicidentés, n'ayant pas de clavicule, quatre incisives supérieures, en tout 28 dents; ordinairement cinq doigts devant et quatre derrière; les oreilles longues et la queue très courte.

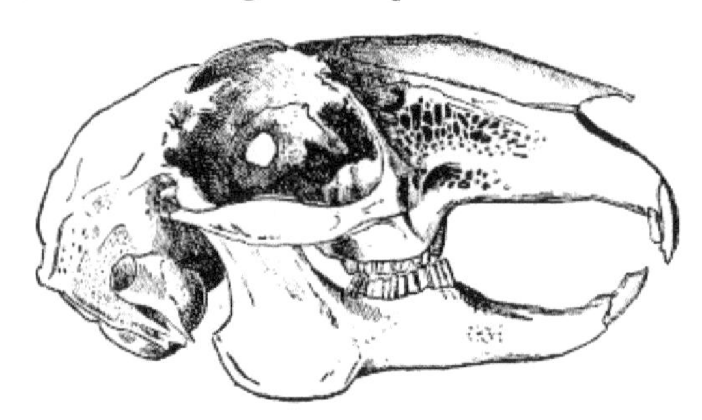

Fig. 27.—Crâne du Lièvre commun.

Nous ne ferons que mentionner une autre famille, celle des Cavidés, qui ne comprend pas d'espèce française, belge ou suisse, mais à laquelle appartient une espèce américaine acclimatée en Europe, le Cochon d'Inde.

/\/\/\/\/\/\/\/\/\/\/\/\/\/\/\

FAMILLE DES CASTORIDÉS

GENRE **Castor.—Castor** Linné.

Corps gros et épais; membres, surtout les antérieurs, courts; yeux très petits, oreilles courtes, queue écailleuse ovalaire, très large et très aplatie en forme de battoir; les pieds postérieurs palmés. Près de l'anus, deux paires de glandes sécrétant la matière dite «castoreum».

Castor ordinaire. CASTOR FIBER Linné.
(Voir la plance 10.)

FAMILLE DES SCIURIDÉS

GENRE **Écureuil.—Sciurus** Linné.

Tête large à museau court, oreilles moyennes surmontées de longs poils en hiver; yeux grands; deux incisives légèrement brunâtres à chaque mâchoire, les molaires blanches; corps allongé avec une queue touffue.

Écureuil commun. SCIURUS VULGARIS Linné.
(Voir la plance 11.)

GENRE **Marmotte.—Arctomys** Schreber.

Tête large, plus allongée que celle des Écureuils; membres trapus et forts, façonnés pour creuser la terre; oreilles courtes; yeux très gros; queue courte et poilue; 10 mamelles. Deux incisives jaunes à chaque mâchoire. En tout 22 dents.

Marmotte vulgaire. ARCTOMYS MARMOTTA Linné.
(Voir la plance 12.)

/\/\/\/\/\/\/\/\/\/\/\/\/\/\/\/\/\/\

FAMILLE DES MYOXIDÉS

GENRE **Loir.—Myoxus** Schreber.

Museau plutôt conique, oreilles assez petites; yeux grands; quatre incisives et seize molaires, en tout 20 dents; queue touffue et épaisse, soit dans toute sa longueur, soit seulement vers le bout. 8 mamelles. Animaux se rapprochant des Écureuils par l'espèce du Loir et tenant des Rats par la forme des espèces du Lérot et du Muscardin.

1° **Loir commun.** MYOXUS GLIS Linné.

2° **Loir lérot.** MYOXUS NITELA Schreber.

3° **Loir muscardin.** MYOXUS AVELLANARIUS Linné.
(Voir les planches 13-14 et 15.)

/\/\/\/\/\/\/\/\/\/\/\/\/\/\/\/\/\

FAMILLE DES MURIDÉS

GENRE **Hamster.—Cricetus** Pallas.

Tête assez grosse, museau peu allongé, oreilles moyennes, yeux plutôt petits; corps massif; membres courts, les postérieurs un peu plus longs; queue arrondie, très courte. A l'intérieur de la bouche, des cavités ou abajoues pouvant servir de réceptacles.

Hamster commun. CRICETUS FRUMENTARIUS Pallas.
(Cricetus vulgaris Desm.).

Pelage formé d'un duvet brun roussâtre surmonté de longs poils à bout noir, avec la bouche blanche, un trait noir au front, une tache fauve aux joues, les flancs fauves; le ventre noir ainsi que les jambes, mais les pieds blancs.

Longueur de corps $0^{m}33$.

C'est une espèce qui n'était, pour ainsi dire, pas française, il y a quelques années, car elle n'habitait que les Vosges sur notre territoire, tandis qu'elle était commune en Alsace et en Allemagne, mais, depuis 1870, on la rencontre en Lorraine, en Champagne et jusque dans les environs de Paris. Elle n'est pas indiquée dans la Suisse Romande, mais assez commune autrefois dans la province de Liège, en Belgique, elle s'est répandue aussi dans les provinces voisines. On la trouve dans les champs où elle mange toutes sortes de grains, des racines, des légumes, des insectes et même les oisillons qu'elle peut attraper; les Hamsters se dévorent même entre eux.

Elle creuse des terriers profonds à galeries multiples, ceux des mâles étant généralement plus simples, avec seulement des ouvertures, ceux des femelles plus creux, avec de nombreux conduits et plusieurs ouvertures de sortie. Aussi les deux sexes vivent-ils séparés pendant la plus grande partie de l'année.

L'accouplement se fait en mai et, dès le mois de juin, la femelle met bas dans son terrier 6 à 10 petits, puis il y a un nouvel accouplement, et, en août, une nouvelle portée. Peut-être les vieilles femelles font-elles trois portées.

Cette petite bête extrêmement nuisible amasse dans son trou des provisions considérables qu'elle transporte dans sa bouche à abajoues, et le tas de grains qu'elle met ainsi de côté est tellement volumineux qu'on cite des cas où on a découvert des réserves pesant jusqu'à 50 ou même 100 kilogrammes. Les grands froids venus, les Hamsters bouchent l'orifice de leurs terriers et vivent de grains amassés, s'engourdissant plus ou moins, lorsque l'hiver est de longue durée.

Grâce à leur fécondité, ils sont toujours nombreux, malgré la guerre que leur font les hommes, les chiens, les renards, les fouines et les putois, voire même les Rapaces.

GENRE **Rat.—Mus** Linné.

Tête moyenne à museau plutôt allongé; oreilles plus ou moins grandes, yeux assez grands; corps allongé; membres courts. Queue très longue, couverte d'écailles.

1° **Rat surmulot.** MUS DECUMANUS Pallas.

2° **Rat noir.** MUS RATTUS Linné.

3° **Rat souris.** MUS MUSCULUS Linné.

4° **Rat mulot.** MUS SYLVATICUS Linné.

5° **Rat des moissons.** MUS MINUTUS Linné.
(Voir les planches 16-17-18-19 et 20.)

GENRE **Campagnol.—Arvicola** Lacépède.

Tête assez épaisse, à museau court; oreilles petites, cachées sous le poil chez certaines espèces; yeux assez petits ou même très petits; corps épais; membres courts; doigts armés d'ongles peu recourbés et taillés pour creuser la terre; 16 dents dont deux incisives et six molaires avec proéminences en zigzags. 8 mamelles, sauf chez le Campagnol souterrain qui n'en a que 4.

1° **Campagnol roussâtre.** ARVICOLA RUTILUS Pallas.
(Arvicola glareolus Schreber.—A. rubidus Baillon.—A. rufescens Selys, etc.).

Si on séparait le genre Campagnol en sous-genres, cette espèce serait le type du sous-genre Myodes ou Hypudœus, le Rat d'eau et le Campagnol des neiges seraient alors les types du sous-genre Hemiotomys ou Paludicola, le Campagnol souterrain serait le type du sous-genre Microtus ou Terricola, les autres formeraient le sous-genre Arvicola ou Agricola. Cette distinction est inutile ici.

Le Campagnol roussâtre a le dessus du corps d'un roux vif, fauve ou marron, les flancs gris et le dessous du corps grisâtre ou roussâtre; les pieds blanchâtres, la queue un peu plus courte que la moitié du corps, brune dessus, blanche dessous. Il a, plus que les autres, la forme d'un petit Rat, les oreilles poilues assez grandes et une coloration qui le fait de suite reconnaître.

Répandu partout en France, en Belgique et en Suisse, il n'est généralement pas très commun; il habite les prés, les bois, les jardins, le bord des étangs et se creuse un terrier peu profond où la femelle fait son nid feutré d'herbes et de mousse, lorsqu'elle ne place pas seulement ce nid sous des herbes épaisses, dans une anfractuosité du sol. Dans ce nid, elle fait chaque année de deux à quatre portées, chacune de 4 à 8 petits.

Il mange des grains, bourgeons, fruits, légumes et racines, aussi des insectes, des œufs ou les petits des oiseaux nichant à terre. Les dégâts qu'il commet au détriment des cultivateurs ne sont généralement pas importants. Il est détruit par tous les carnassiers, les oiseaux de proie, et dans les pays marécageux par les hérons qui en prennent beaucoup. On trouve fréquemment son crâne dans les nids des hérons et dans les pelotes rejetées par les Rapaces.

Des variétés à coloration très tranchée sur les flancs ont été décrites sous les noms de A. Nageri Schinz et A. bicolor Fatio.

En captivité, il refuse souvent les grains qu'on lui offre.

2° **Campagnol des neiges.** ARVICOLA NIVALIS Martin. (Arvicola Lebruni Crespon.—A. leucurus Gerbe).

Pelage gris cendré ou brunâtre fauve en dessus, flancs jaunâtres, le dessous blanchâtre; oreilles plutôt courtes, ovales, assez larges. Queue épaisse, grise ou blanchâtre, égale à la moitié du corps.

Longueur du corps $0^{m}19$.

Il n'habite que les pays montagneux, soit en France, les Alpes et les Pyrénées, ainsi que quelques points du Midi; il est commun en Suisse. Volontiers il demeure à une grande élévation, jusqu'à plus de 3.500 mètres. L'hiver, il ne s'engourdit pas, mais se retire dans ses terriers où il mange les provisions qu'il y a entassées, bien que certains observateurs affirment qu'il ne fait aucune provision, ou bien il pénètre dans les chalets ensevelis sous la neige. En été, il vit de grains, de racines, de fleurs et de feuilles des plantes alpestres et entre volontiers dans les cabanes des bergers où il cherche à subsister.

La femelle fait deux ou trois portées, de chacune 3 à 7 petits.

On a décrit comme variété une forme, habitant plus spécialement les coteaux de la Provence et du Roussillon, remarquable par ses oreilles un peu noirâtres, sa couleur plus claire et sa queue tout à fait blanche.

3° **Campagnol rat d'eau.** ARVICOLA AMPHIBIUS Pallas.

4° **Campagnol des champs.** ARVICOLA ARVALIS Pallas.

5° **Campagnol agreste.** ARVICOLA AGRESTIS Linné. (Voir les planches 21 et 22.)

Le Campagnol agreste n'est peut-être qu'une forme plus septentrionale du Campagnol des champs. Il est généralement de taille un peu plus forte, plus brun clair, sans ligne jaune aux flancs. D'après Fatio, il aurait toujours cinq espaces cémentaires à la seconde molaire supérieure, les oreilles égales au tiers de la tête, garnies de grands poils épais, tandis que celui des champs n'aurait jamais que quatre espaces cémentaires à la seconde molaire supérieure, les oreilles plus grandes que le tiers de la tête, couvertes de poils très courts.

6° **Campagnol souterrain.** ARVICOLA SUBTERRANEUS Selys.
(Voir la plance 23.)

FAMILLE DES LÉPORIDÉS

GENRE **Lièvre.—Lepus** Linné.

Tête assez petite avec de très longues oreilles; yeux grands, museau court; quatre incisives et douze molaires à la mâchoire supérieure, deux incisives et dix molaires à la mâchoire inférieure. Corps allongé. Membres de devant assez courts avec cinq doigts, membres postérieurs beaucoup plus longs ayant quatre doigts.

1° **Lièvre commun.** LEPUS TIMIDUS Linné.

2° **Lièvre changeant.** LEPUS VARIABILIS Pallas.

3° **Lièvre lapin.** LEPUS CUNICULUS Linné.
(Voir les planches.)

ORDRE IV.—Carnivores.

Mammifères terrestres ayant quatre pattes pourvues d'ongles, avec quatre ou cinq doigts; trois sortes de dents, des incisives petites, les canines généralement fortes et saillantes, les prémolaires petites avec une dent plus grande dite «carnassière».

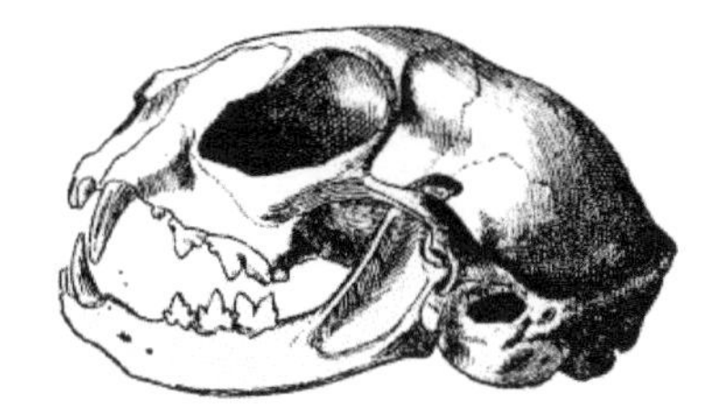

Fig. 28.—Crâne du Chat sauvage.

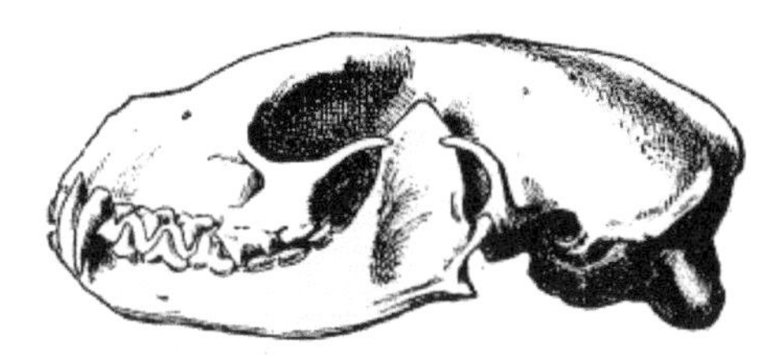

Fig. 29.—Crâne de la Marte fouine.

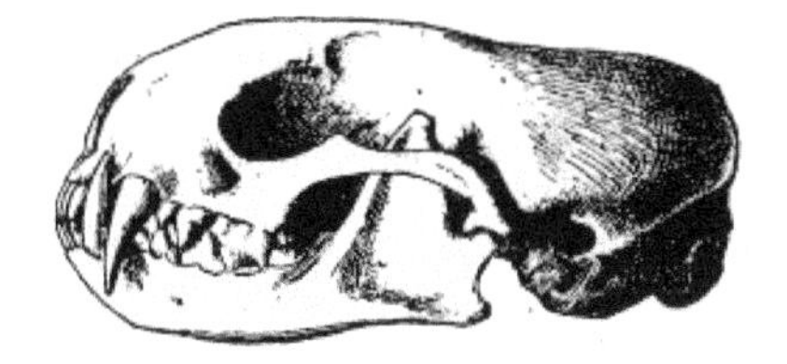

Fig. 30.—Crâne de la Belette Putois.

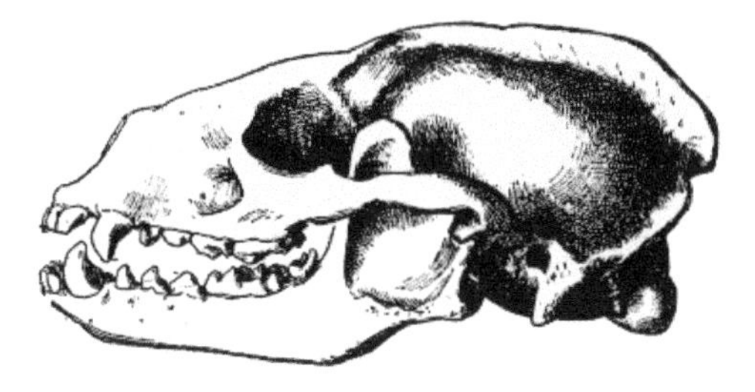

Fig. 31.—Crâne du Blaireau commun.

Ils vivent de substances animales ou sont omnivores, sont tantôt diurnes et tantôt nocturnes. Aucun n'a un sommeil hibernal. Les petits naissent faibles, couverts de poils et aveugles.

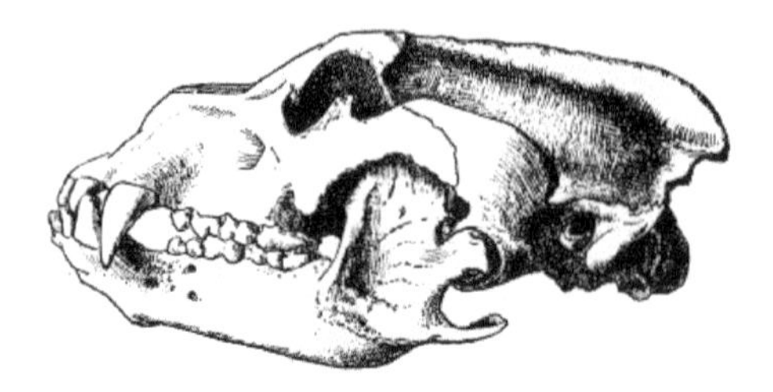

Fig. 32.—Crâne d'un vieil Ours brun.

Cinq familles de cet ordre ont des représentants en France, quatre seulement en Suisse, trois seulement en Belgique.

Les Félidés ont la tête large et arrondie; de chaque côté, quatre molaires sur trois, pointues et tranchantes; en tout trente dents; le corps allongé et souple, cinq doigts aux membres de devant et quatre à ceux de derrière, des ongles puissants, acérés et rétractiles. Ils sont digitigrades.

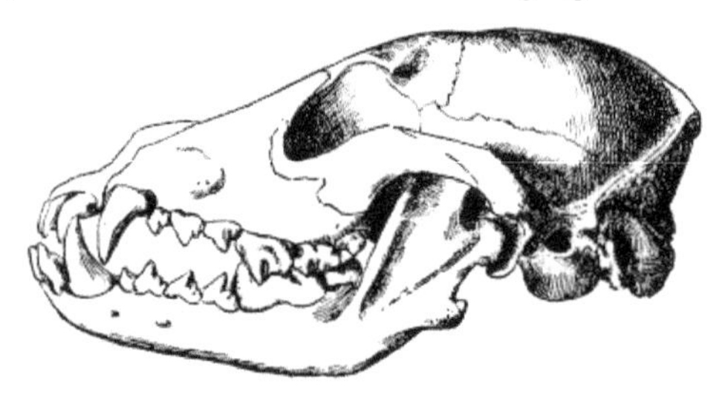

Fig. 33.—Crâne du Loup commun.

Les Viverridés ont la tête allongée, quarante dents; cinq doigts à tous les membres, la queue extrêmement longue. Ils sont digitigrades.

Les Mustelidés ont la tête ovalaire, peu allongée, bien que leur museau soit souvent pointu; trente-quatre à trente-huit dents; cinq doigts à tous les membres; le corps très allongé et ordinairement très souple, les membres courts, des ongles parfois rétractiles, la queue variable. Ils sont semi-plantigrades.

Les Ursidés ont la tête allongée et bombée, quarante-deux dents, cinq doigts à tous les membres, le corps et les membres forts et trapus, des ongles puissants, mais non rétractiles, les oreilles courtes, la queue rudimentaire. Ils sont franchement plantigrades.

Les Canidés ont la tête allongée et assez étroite, quarante-deux dents, les membres longs, les ongles non rétractiles. Ils sont digitigrades.

FAMILLE DES FÉLIDÉS

GENRE **Chat.—Felis** Linné.

Tête courte et arrondie, oreilles assez grandes, museau très court; pattes longues armées d'ongles rétractiles très pointus.

Ce genre ne comprend que deux espèces indigènes, l'une à peu près disparue, l'autre devenue très rare ou au moins rare. Chacune peut être placée dans un sous-genre spécial, l'une dans le sous-genre Chat, caractérisé par les oreilles sans pinceau de poils au bout et la queue aussi longue que la moitié du corps; l'autre dans le sous-genre Lynx, caractérisée par les oreilles terminées par un pinceau de poils et la queue moins longue que le quart du corps.

1° **Chat sauvage.** FELIS CATUS Linné.
(Voir la plance 27.)

2° **Chat lynx.** FELIS LYNX Linné.

Chat lynx.—Felis lynx Linné.

Le pelage du Lynx est doux et soyeux, fauve moucheté de brun en dessus, fauve clair en dessous; la gorge est blanche, les oreilles grandes, pointues, portant au bout un pinceau de poils d'environ cinq centimètres, les pieds de devant très velus, la queue assez courte, épaisse, noirâtre au bout.

Longueur du corps: 1^m05 jusqu'à 1^m20, queue 0^m20, hauteur au garrot 0^m60.

Fig. 34.—Chat Lynx.

Excessivement rare, tellement rare qu'on pourrait se demander si l'espèce existe encore en France. Elle n'existe plus en Suisse et en Belgique. Il y a quelques années, on a constaté, dit-on, la présence de quatre ou cinq individus dans le département de l'Isère et dans ceux des Hautes et Basses-Alpes, même dans les Pyrénées, de même qu'on a trouvé, en Corse, un animal qui doit être cette espèce. Mais, depuis cette époque, ni les zoologistes, ni les chasseurs ne rencontrent plus le Lynx et tout faisait supposer que le dernier représentant avait disparu, quand on vient de signaler, en décembre 1907 et février 1909, dans les Hautes-Alpes, la présence de trois Lynx, dont un a été tué.

Il habite les forêts les plus sauvages, les cavernes et les rochers, et, à la nuit, se met à l'affût dans une touffe de ronces ou sur une branche d'arbre, pour, de là, se précipiter sur tout animal passant à sa portée: jeunes cerfs, chamois, chevreuils, lièvres, marmottes, oiseaux; il attaquerait même parfois les chèvres et les moutons.

Très prudent, il fuit l'homme, mais blessé, il devient dangereux et fait tête au chasseur. Il vit solitaire ou par petites troupes de deux ou trois.

L'accouplement se fait en hiver et après six semaines de gestation, la femelle met bas, sur un lit de mousse et d'herbe, dans une caverne ou un grand trou bien caché.

Dans la faune du Jura, le frère Ogérien cite le Lynx comme ayant été tué dans ce département en 1834; Fatio l'indique comme tué dans le Valais en 1867, Heldreich comme capturé en Grèce en 1862. D'après Réguis, il en existait quelques rares individus en Provence en 1878. Encore aujourd'hui, on en trouve quelques-uns en Autriche, et peut-être, très exceptionnellement, on le rencontrerait dans les Hautes-Alpes françaises.

FAMILLE DES VIVERRIDÉS

Tête longue et fine, museau allongé, oreilles longues. Corps long et souple. Membres assez hauts avec des ongles à demi-rétractiles pointus.

Genette vulgaire. GENETTA VULGARIS Cuvier.
(Voir la plance 28.)

FAMILLE DES MUSTELIDÉS

GENRE **Marte.—Martes** Ray.

Tête assez large avec le museau un peu pointu, les oreilles assez courtes, arrondies, les yeux moyens. Corps long et souple, queue longue; membres plutôt courts; marche semi-plantigrade, presque digitigrade. 38 dents.

Fourrure composée de poils longs et fins, de couleur brune un peu violacée, sous un pelage de poils très fins et très serrés.

1° **Marte fouine.** MARTES FOINA Gmelin.

2° **Marte des sapins.** MARTES ABIETUM Ray.
(Voir les planches 29 et 30.)

GENRE **Belette.—Mustela** Linné.

Tête assez courte, oreilles petites et arrondies, yeux moyens; queue courte ou assez courte; corps très allongé; membres courts, marche presque digitigrade. 34 dents.

1° **Belette commune.** MUSTELA VULGARIS Brisson.

2° **Belette hermine.** MUSTELA HERMINEA Linné.

3° **Belette putois.** MUSTELA PUTORIUS Linné.

Fig. 35. Pied de la Belette vison

Fig. 36. Pied de la Belette putois.

4° **Belette vison.** MUSTELA LUTREOLA Linné.
(Voir les planches 31-32-33-34-35.)

GENRE **Loutre.—Lutra** Brisson.

Tête large, museau très large et assez court; yeux petits; oreilles très petites et arrondies; membres courts, pieds palmés, queue très large à sa base, très robuste, longue, amincie peu à peu au bout. Marche à peu près plantigrade. 36 dents.

Loutre vulgaire. LUTRA VULGARIS Erxleben.
(Voir la plance 36.)

GENRE **Blaireau.—Meles** Brisson.

Tête assez petite relativement au corps qui est trapu, gros, assez allongé; museau assez long; yeux assez petits; oreilles petites et rondes; membres courts et forts; pieds longs et nus en dessous, armés d'ongles robustes; queue très courte; marche presque plantigrade. 38 dents.

Blaireau commun. MELES TAXUS Schreber.
(Voir la plance 37.)

FAMILLE DES URSIDÉS

GENRE **Ours.—Ursus** Linné.

Tête voûtée et grosse; yeux petits; oreilles courtes et velues; museau allongé. Corps lourd et massif, membres épais, les postérieurs un peu plus courts; ongles forts, non rétractiles; queue presque nulle. 6 mamelles. Marche plantigrade. Normalement 42 dents, mais souvent moins, à cause de la caducité des premières prémolaires.

Ours brun. URSUS ARCTOS Linné.
(Voir la plance 38.)

FAMILLE DES CANIDÉS

GENRE Chien.—**Canis** Linné.

Tête large à museau acuminé; yeux assez grands, oreilles plutôt grandes, terminées en pointe; corps allongé avec membres assez longs et élancés, ongles non rétractiles; queue longue et touffue; marche digitigrade. 42 dents, dont 20 à la mâchoire supérieure et 22 à l'inférieure.

1° **Loup commun.** CANIS LUPUS Linné.

2° **Renard commun.** CANIS VULPES Linné.
(Voir les planches 39 et 40.)

ORDRE V.—**Pinnipèdes.**

Mammifères organisés pour la vie aquatique, ayant quatre membres pourvus d'ongles, avec cinq doigts, disposés plutôt pour la nage que pour la marche; le corps couvert de poils courts et doux, très allongé, un peu en forme de poisson; trois sortes de dents: incisives, canines et molaires; queue très courte. Ce sont en réalité des carnivores aquatiques, ceux de France connus sous le nom de Phoques, tous adaptés à la vie maritime, bien qu'ils puissent séjourner dans les eaux douces.

Leur nourriture consiste exclusivement en poissons qu'ils attrapent facilement, car ils plongent admirablement et circulent sous l'eau avec aisance et rapidité, ayant de plus la faculté de suspendre leur respiration pendant un temps relativement très long et de fermer hermétiquement leurs narines. Ils passent néanmoins une partie de leur vie à l'air et marchent alors avec une certaine facilité.

Ce sont des animaux très intelligents qu'on pourrait éduquer aussi bien que les chiens, qui préfèrent les climats froids aux pays chauds et qui entreprennent volontiers de longues migrations.

Quatre genres de Phoques appartenant à la même famille habitent les côtes de France ou y font des apparitions momentanées et accidentelles. Les Phoques se distinguent des Otaries que nous voyons en France dans les cirques et les jardins zoologiques parce qu'ils n'ont pas d'oreilles, tandis que les Otaries ont de petites oreilles parfaitement visibles.

GENRE **Phoque**.—**Phoca** Linné.

Museau conique et étroit, à moustaches ondulées; 5 incisives supérieures simples, coniques; ongles longs; doigts des pieds du devant décroissant progressivement de longueur à partir du premier au cinquième; doigts des pieds de derrière tous égaux. 2 mamelles; 34 dents.

1° **Phoque veau marin.** PHOCA VITULINA Linné.

2° **Phoque marbré.** PHOCA FŒTIDA Fabricius.
(Voir description et plance 41.)

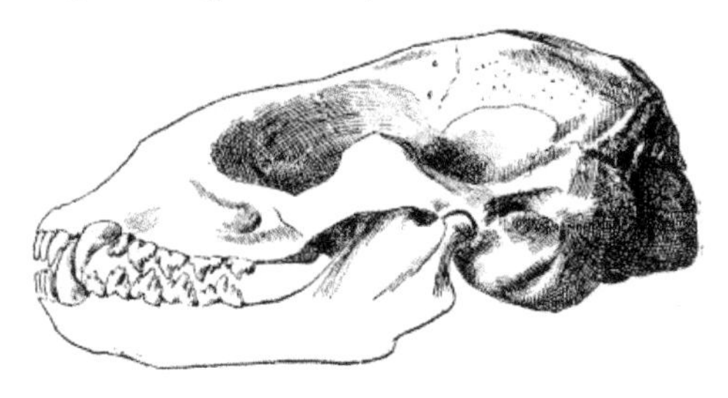

Fig. 37.—Crâne du Phoque veau marin.

Le premier a le nez assez large, le corps lourd et épais, à membres courts; le pelage variant du brun clair au jaune grisâtre, avec ou non des taches brunes en dessus, le dessous d'un blanc jaunâtre. Le second qui n'est peut-être qu'une variété, a le nez un peu plus allongé, le corps un peu moins épais et les membres peut-être plus longs, les dents plus faibles, les molaires moins serrées. Son pelage est gris brun ou noirâtre parsemé de grandes maculatures fauves ou blanchâtres, souvent noirâtres au centre, le dessous jaunâtre, et une tache noirâtre autour des yeux.

GENRE **Erignathus** Gill.

Museau large, un peu convexe en dessus, à moustaches droites; 6 incisives supérieures, simples, coniques; ongles longs; doigt médian des pieds de devant plus long que les autres; doigt externe des pieds de derrière analogue aux autres. 4 mamelles. 34 dents.

Erignathe ou **Phoque barbu**.

ERIGNATHUS BARBATUS Fabricius.
(Phoca leporina Lepechin.—Phoca Lepechini Lesson.—Phoca barbata Müller.)

Tête ronde à museau large, corps long assez massif, à membres courts. Dents petites, relativement aux espèces du genre Phoque. Pelage assez variable, ordinairement gris brunâtre en dessus, sans taches apparentes, d'un blanc jaunâtre en dessous. Taille très grande, dépassant deux mètres en longueur et arrivant chez le mâle adulte à plus de trois mètres, en remarquant que, chez cette espèce, comme chez tous les Phoques, la femelle est toujours plus petite que le mâle. On le distingue des autres espèces par les très longues soies couvrant de plusieurs rangs sa lèvre supérieure. Quant au jeune, il est revêtu d'abord d'une épaisse toison blanche.

C'est une espèce des mers du Nord qui s'égare très accidentellement dans la Manche, mais ne vit pas sur nos côtes. M. Baillon et ensuite M.

Marcotte l'énumèrent parmi les animaux du département de la Somme et M. Trouëssart cite la capture d'un jeune individu pris également sur les côtes de la Somme qui vécut au Jardin des Plantes de Paris et devint assez apprivoisé. Il refusa toujours les poissons d'eau douce et ne voulait manger que les poissons d'eau de mer. Irrité, il ne chercha jamais à mordre, mais se défendait avec ses ongles.

La femelle met bas, en avril, un seul petit qu'elle dépose ordinairement sur la glace.

GENRE **Pelage.—Pelagius** F. Cuvier.

Museau allongé, à moustaches droites; seulement quatre incisives supérieures, échancrées transversalement, les molaires épaisses, serrées et trilobées à la couronne, implantées obliquement; ongles petits et courts, plats. Pieds de devant courts, le doigt externe le plus long, les autres de plus en plus courts; 4 mamelles, 32 dents.

Pelage ou **Phoque moine**.

PELAGIUS MONACHUS Hermann.
(Phoca bicolor Shaw.—Phoca albiventer Boddaërt.)

Tête courte arrondie, mais le museau allongé. Pelage tranché, noirâtre dessus, blanchâtre dessous; ce qui lui a fait donner les noms de Moine et de Bicolor; grande taille.

Longueur du mâle adulte: $2^{m}25$ à 3^{m}.

Le Phoque moine est l'espèce de la Méditerranée, comme les précédents sont les espèces de l'Océan. Assez commun sur les rivages de l'Archipel, il est plutôt très rare sur nos côtes, où pourtant il se reproduit. Risso l'indique comme se montrant au printemps dans les Alpes-Maritimes, Crespon parle d'un individu capturé sur le littoral du Languedoc. Ces constatations démontrent combien peu il a été observé.

On l'a élevé en captivité et on sait que, contrairement à l'espèce ci-dessus indiquée, il accepte comme nourriture les poissons d'eau douce aussi bien que les poissons de mer. Il se montre alors docile et intelligent. Heldreich, dans sa faune de la Grèce, le dit fréquent aux îles de l'Archipel, mais d'une chasse très difficile. Ce qui explique pourquoi on connaît si peu ses mœurs.

GENRE **Cystophore.—Cystophora** Nilsson.

Tête ronde, museau peu allongé. Chez le mâle adulte une sorte de large béret sur toute la tête ou de chaperon dilatable sur le nez et la tête. Ongles longs. 4 incisives supérieures, molaires simples, à couronne raccourcie, faiblement crénelées au bord triturant. 30 dents.

Cystophore ou **Phoque à capuchon**.

CYSTOPHORA CRISTATA Erxleben.
(Phoca mitrata Cuvier.—Stemmatopus cristatus F. Cuvier.)

Corps épais et massif. Pelage gris clair ou noirâtre, plus ou moins marbré et tapissé de plaques plus foncées, avec la tête et les pieds noirs. Le mâle remarquable par le bonnet ou ampoule qu'il porte sur la tête. Cet appendice ressemble à une très large casquette plate ou à un grand bonnet noirâtre qui coiffe la tête entière et porte sur le devant les deux trous des narines. Il cache les yeux par devant, si bien que l'animal ne doit voir que par les côtés.

Longueur de l'adulte, $2^{m}10$ à $2^{m}40$.

Comme les espèces précédentes, le Phoque à capuchon, originaire des mers du Nord, s'est égaré très accidentellement sur nos côtes; on a cité deux ou trois captures, mais comme il émigre régulièrement, venant du Groënland pour se reproduire sur les côtes de Norvège, où la femelle fait son petit vers le mois d'avril et qu'il n'hésite pas à entreprendre de lointains voyages, il n'est pas étonnant que, de loin en loin, on puisse observer un individu venu jusque sur les rivages de l'Allemagne, de l'Angleterre, de la Belgique ou de la France. Quand une espèce a coutume d'émigrer à des distances considérables, il arrive toujours qu'à certains moments un sujet s'égare et, une fois égaré, périt en route ou se laisse entraîner sur des points énormément éloignés de son habitat habituel.

A l'époque du rut, les mâles sont extrêmement batailleurs et s'attaquent, en poussant des mugissements qui s'entendent à des distances considérables.

ORDRE VI.—Ongulés.

Mammifères terrestres ayant les quatre pieds ongulés, c'est-à-dire terminés par des sabots cornés. Cet ordre comprend trois sous-ordres, ou plutôt est la réunion de trois groupes que la plupart des zoologistes considèrent comme des ordres, le sous-ordre des Solipèdes (groupe des Chevaux) caractérisé par les sabots pleins, non séparés; le sous-ordre des Ruminants (groupe du Bœuf, du Cerf, etc.) et le sous-ordre des Pachydermes (groupe du Sanglier, etc.)

Au sous-ordre des Solipèdes n'appartient aucun animal sauvage de France, Suisse et Belgique; le sous-ordre des Ruminants comprend plusieurs genres et plusieurs espèces; celui des Pachydermes ne comprend que le Sanglier.

SOUS-ORDRE DES **RUMINANTS**

Mammifères ayant les sabots fourchus, soit deux doigts terminés par des sabots en corne qui s'appliquent sur le sol, et, par derrière le pied, deux autres petits appendices ou sabots rudimentaires en corne, qui ne portent généralement pas sur le sol.

Fig. 38.—Bois du Cerf d'Europe.

Ils n'ont en général pas de canines et, à la mâchoire supérieure, n'ont pas d'incisives; l'articulation de leurs maxillaires est disposée de telle façon que, quand ils mâchent leur nourriture, il se produit un mouvement de rotation; on dit alors qu'ils ruminent. Ils sont surtout remarquables et séparés des autres mammifères par la disposition de leur estomac, composé de quatre poches, la panse qui reçoit d'abord les aliments non triturés au moment où ils sont avalés, le bonnet qui est une manière d'appendice de la panse, le

Fig. 39.—Bois du Cerf daim.

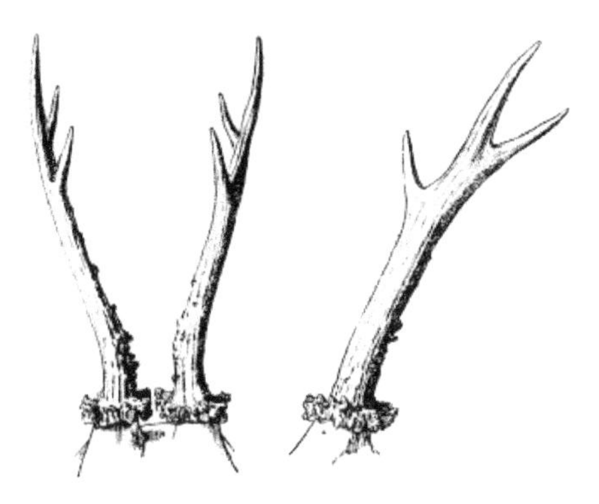

Fig. 40.—Bois du Cerf chevreuil.

feuillet et la caillette, véritable estomac qui secrète le suc gastrique. Les substances alimentaires accumulées dans la panse remontent par pelotes dans la bouche, l'animal les mâche et, lorsqu'il les avale pour la seconde fois, elles passent dans la caillette où se fait la digestion.

Fig. 41.—Crâne du Bœuf ordinaire.

Ils ont 32 ou 34 dents. De plus, les os du métacarpe, comme ceux du métatarse, sont, chez eux, soudés pour former un tronc unique qu'on appelle «canon».

Ce sont des animaux taillés pour la course, avec le cou allongé et les membres généralement minces, bien que vigoureux. La plupart ont des cornes ou des bois, les cornes étant persistantes, c'est-à-dire ne tombant jamais et implantées dans un axe osseux; les bois étant pleins et caduques, c'est-à-dire placés au sommet d'un prolongement de l'os frontal, croissant sur une base nommée «meule» et tombant tous les ans pour ensuite repousser rapidement. Ils ne vivent que de végétaux.

Fig. 42.—Cornes de la Chèvre bouquetin.

Le sous-ordre des Ruminants comprend deux familles ayant des représentants en France, Suisse et Belgique.

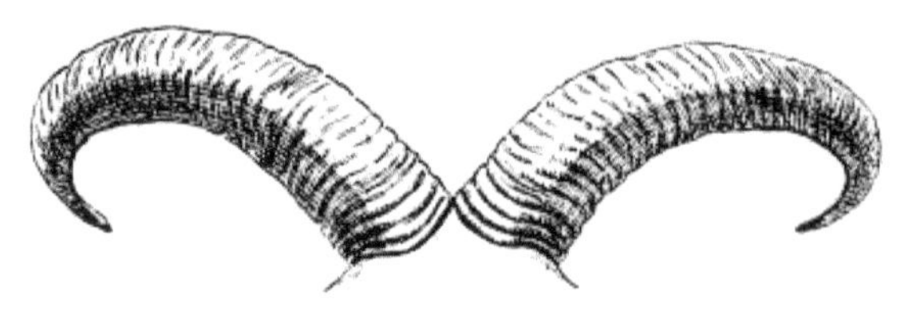

Fig. 43.—Cornes du Mouflon de Corse.

La famille des Cervidés dont les mâles et très exceptionnellement les femelles ont des bois caducs, pleins, plus ou moins rameux, généralement pas de canines, et dont le crâne porte de chaque côté une fissure entre les os maxillaires, nasaux et frontaux, correspondant à l'ouverture externe placée au-dessous de l'œil et nommée «larmier».

La famille des Cavicornidés dont les représentants ont, sur un prolongement de l'os frontal, des cornes persistantes d'origine pileuse (c'est-à-dire de même origine que les poils) et pas de canines; cette famille se subdivise elle-même en quatre sous-familles:

Fig. 44.—Cornes du Chamois ordinaire.

Celle des Bovidés, comprenant nos Bœufs, qui n'a pas actuellement en France, en Suisse et en Belgique, de représentants sauvages.

Celle des Capridés, remarquable par le front relevé pouvant porter de fortes cornes curvilignes non recourbées sur elles-mêmes, une barbe plus ou moins forte au menton, deux mamelles, 32 dents, et n'ayant ni larmier, ni glandes interdigitales.

Celle des Ovidés, ayant un larmier et des glandes interdigitales, pas de barbe au menton, des formes plus arrondies, des jambes plus grêles et le chanfrein plus busqué que chez les Capridés.

Celle des Antilopidés, mélange de formes un peu différentes se rapprochant tantôt des Bovidés, tantôt des Capridés et des Cervidés et qui, n'ayant pas de caractères très tranchés, comprend tous les genres qui ne peuvent rentrer dans les autres sous-familles.

FAMILLE DES CERVIDÉS

GENRE **Cerf.—Cervus** Linné.

Museau allongé, oreilles grandes, yeux grands, cou très long, corps vigoureux, queue très courte, membres assez longs et assez minces. Sous les yeux, un larmier grand chez le Cerf, plus petit chez le Daim, très petit chez le Chevreuil. 34 dents.

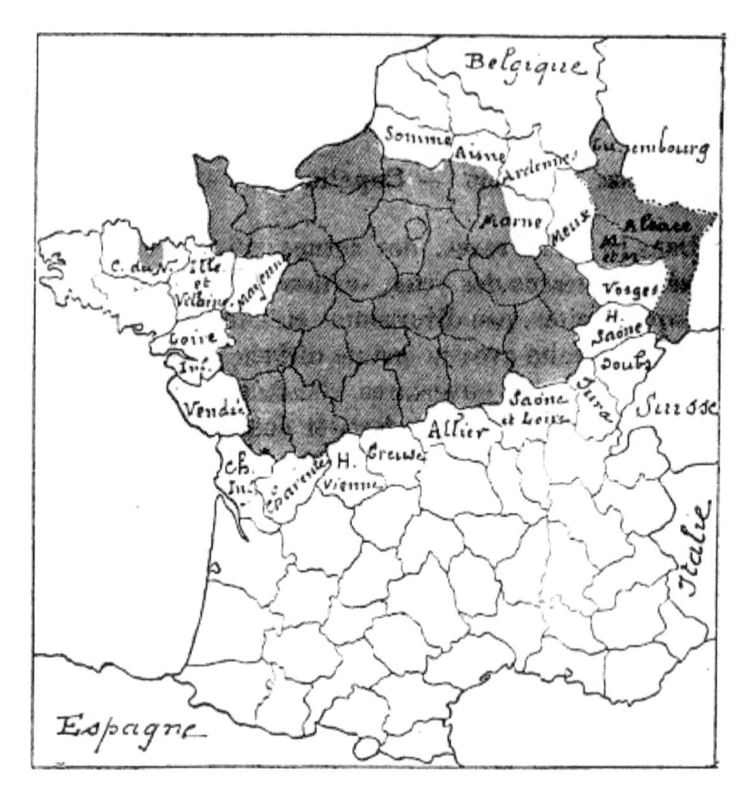

Fig. 45.—Carte de l'habitat du Cerf d'Europe (partie ombrée).

1° **Cerf d'Europe.** Cervus elaphus Linné.

2° **Cerf daim.** Cervus dama Linné.

3° **Cerf chevreuil.** Cervus capreolus Linné.
(Voir les planches 42-43 et 44.)

FAMILLE DES CAVICORNIDÉS

SOUS-FAMILLE DES ANTILOPIDÉS

GENRE **Chamois.—Capella** Keys. et Blasius.

Dans les deux sexes, des cornes voisines à la base, situées au-dessus des yeux, verticales à l'axe du crâne, presque droites, peu divergentes en haut et recourbées à leur extrémité avec la pointe dirigée en bas. Pas de larmier, mais des ouvertures glandulaires derrière les cornes. Membres et pieds forts et épais. Queue courte. Quatre mamelles, 32 dents.

Chamois ordinaire. CAPELLA RUPICAPRA Linné.
(Voir la plance 45.)

SOUS-FAMILLE DES **CAPRIDÉS**

GENRE **Chèvre.—Capra** Linné.

Cornes longues, arquées en arrière, curvilignes, noueuses, comprimées. Nez plus ou moins droit. Pas de larmier ni de glandes interdigitales. Lèvre supérieure presque entièrement velue. Queue courte.

Chèvre bouquetin. CAPRA IBEX Linné.
(Voir la plance 46.)

SOUS-FAMILLE DES **OVIDÉS**

GENRE **Mouflon.—Musimon** Gervais.

Cornes grosses à la base, assez longues, curvilignes, un peu recourbées en arrière, déjetées au dehors et obliquement récurrentes. Nez plus ou moins busqué. Des larmiers et des glandes interdigitales. Lèvre supérieure nue. Queue courte.

Pas de barbe au menton.

Mouflon de Corse. MUSIMON MUSMON Bonaparte.
(Voir la plance 47.)

SOUS-ORDRE DES **PACHYDERMES**

GENRE **Sanglier.—Sus** Linné.

Tête très grosse à museau allongé terminé par un boutoir; yeux petits, oreilles assez grandes. Des incisives en haut et en bas et des canines qui, chez le mâle, se développent en sortant de la bouche, formant de puissantes défenses assez droites, mais se recourbant en arrière chez les vieux. Corps épais, queue mince et petite. Membres à quatre doigts, ceux de devant en sabots portant sur le sol, ceux de derrière plus petits ne faisant que toucher la terre.

Sanglier commun. SUS SCROFA Linné.
(Voir la plance 48.)

ANIMAUX DOMESTIQUES

Après avoir énuméré les Mammifères sauvages qui habitent la Belgique, la Suisse et la France, il y a lieu d'indiquer les animaux que l'homme a domestiqués et que nous avons journellement sous les yeux: le Porc, qui n'a été autre chose, à l'origine, que le Sanglier commun apprivoisé, plus ou moins mélangé avec d'autres espèces de Sangliers exotiques; le Mouton, tellement façonné et modifié par l'homme qu'il sera peut-être, à tout jamais, impossible d'affirmer quels ont été exactement ses ancêtres; la Chèvre qui compte, parmi les Capridés sauvages, beaucoup d'espèces se rapprochant d'elle; le Bœuf, qui descend certainement de trois ou quatre espèces qui ont habité l'Europe et la France dans les temps primitifs; le Cheval, originaire de l'Europe et de l'Asie, et l'Ane, qui provient certainement d'une ou deux espèces africaines; le Chien, dont les formes actuelles sont si variées qu'elles doivent leur origine à nombre d'espèces actuelles et probablement à quelques espèces éteintes, ou plus exactement représentées par des descendants absolument différents de ce qu'étaient les ancêtres des temps primitifs; enfin le Chat, dont il est possible d'établir à peu près la descendance.

Nous dirons un mot du Cobaye ou Cochon d'Inde, dont l'origine exotique est connue, et nous avons déjà parlé du Furet, qui n'est autre chose que notre Putois un peu modifié par la domesticité. Il semble inutile de mentionner le Lapin, dont les races multiples actuellement existantes sont dues à l'homme, provenant toutes, incontestablement, du Lapin sauvage domestiqué et le représentant sous des formes légèrement modifiées.

SOUS-ORDRE DES **PACHYDERMES**

GENRE **Sanglier.—Sus** Linné.

Porc domestique. SUS DOMESTICUS Brisson.

Le Porc, qui a pour souche originelle le Sanglier, est un des animaux qui montrent le mieux ce que peuvent la sélection, le changement de vie et les soins raisonnés de l'homme. De nombreuses races ont été créées qui ont produit un animal notablement différent du Sanglier.

Le Sanglier habite l'Europe, l'Afrique du Nord, l'Inde, mais il diffère un peu dans ces pays, si bien qu'on a voulu en faire plusieurs espèces. Chacune a dû être apprivoisée et donner naissance à une forme asservie. Mais il est une autre espèce depuis très longtemps domestiquée en Chine et en Indo-Chine et très perfectionnée par les Chinois, le «Sus indica», inconnue à l'état sauvage, mais qui pourrait bien provenir du «Sus vittatus» de Java.

Cette dernière forme et la descendance du Sanglier commun ont mêlé leur sang chez presque toutes nos races actuelles. Toutes les races sont, au reste, fécondes entre elles et avec notre Sanglier.

Le Porc est tellement utile qu'il a toujours été soigné et autant que possible amélioré. De là, l'origine de ces bêtes dans lesquelles tout sert à la consommation.

SOUS-ORDRE DES **RUMINANTS**

GENRE **Mouton.—Ovis** Linné.

Mouton domestique. OVIS ARIES Linné.

Le Mouton est le type de l'animal tellement modifié par la domestication qu'il est impossible de dire de quelles formes sauvages il pourrait provenir. Les uns pensent que, au moins les petites races à queue courte et à cornes en forme de croissant descendent du Mouflon de Corse, d'autres affirment que les Moutons primitifs proviennent de plusieurs espèces éteintes. Ce qui est certain, c'est que les soins de l'homme et les croisements l'ont extraordinairement modifié, à ce point qu'il lui serait impossible de reprendre la vie sauvage, comme les Chèvres, les Porcs et les animaux domestiqués échappés au joug de l'homme, ont pu le faire à l'occasion. Il périrait de suite infailliblement s'il était abandonné à lui-même.

Le Mouton est, au surplus, très variable. Ses cornes peuvent être très diverses, manquant souvent chez la femelle, arrivant chez le mâle d'une race du Chili à quatre, et même, dit-on, à huit; les mamelles, normalement au nombre de deux, peuvent être de quatre; la durée de la gestation varie de 144 à 150 jours; la différence de fécondité est considérable suivant les races; la queue est très courte ou énorme; le chanfrein droit ou très busqué. Dans la même race, on constate même que, sous l'influence du climat et par suite du changement de nourriture, la grosseur de la queue et la toison se modifient très rapidement.

Pour en donner une idée, il suffit de rapporter l'origine de la race de Mauchamps: dans une ferme, une brebis mérinos donne naissance à un agneau qui devient remarquable par une laine particulièrement douce et des cornes tout à fait lisses, corrélation naturelle, puisque poils et cornes sont des formations de même nature, et par un facies spécial. Cet agneau imprima fortement ses caractères chez ses descendants et devint la souche d'une race nouvelle. Or, si on ne savait pas l'origine de cette race, on la supposerait certainement née d'une forme primitive inconnue.

Les races de Moutons sont nombreuses, les unes françaises, anglaises, espagnoles, d'autres africaines, toutes fécondes entre elles.

Le Mouton est essentiellement utile à l'homme qui emploie sa viande, sa peau, ses boyaux, son suif, son lait. Il n'est pas jusqu'à l'agneau mort-né, naissant ou récemment né qui ne donne une fourrure recherchée sous le nom d'astrakan.

GENRE **Chèvre.—Capra** Linné.

Il y a actuellement dans le monde beaucoup de races de Chèvres, fertiles entre elles, et parfois différant beaucoup par la longueur proportionnelle des intestins, par la forme des mamelles, par l'odeur émise par le mâle, par la présence ou l'absence de cornes chez la femelle, par les oreilles et cent autres caractères. La Chèvre est domestiquée depuis un temps immémorial, car, à l'époque de la pierre, elle vivait déjà près de l'homme.

Elle descendrait de plusieurs espèces sauvages, notamment de Capra œgagrus du Caucase, de Capra Falconieri de l'Inde. Il y a eu probablement aussi des croisements avec Capra ibex des Alpes et des Pyrénées.

La Chèvre est élevée surtout en vue de son lait avec lequel on fait d'excellents fromages, soit avec son lait seul, comme en Berri, en Poitou et ailleurs, soit en le mélangeant avec celui de la Vache, comme au Mont-d'Or, soit en le mêlant au lait de Brebis, comme à Roquefort, soit en le mélangeant à la fois avec les laits de Vache et de Brebis. Son cuir est excellent pour la chaussure, la reliure, les gants. Sa chair, surtout celle du Chevreau, est passable.

Les départements les plus riches en Chèvres sont la Corse (environ 135.000), l'Ardèche (100.000), la Drôme, l'Isère, les Deux-Sèvres et l'Indre. Les plus pauvres sont Lot-et-Garonne, l'Aude, l'Orne, le Finistère (environ 1.500). La Suisse compte une nombreuse population de Chèvres. L'Algérie en possède plus que la France.

GENRE **Bœuf.—Bos taurus** Linné.

Le Bœuf est domestiqué depuis l'époque la plus reculée, aussi bien la forme exotique à bosse «Bos indicus», asservie 2.100 ans avant notre ère, ainsi qu'en témoignent les monuments égyptiens, que la forme sans bosse, aussi bien que les formes très différentes de l'Orient, le Yak et d'autres.

On s'accorde assez généralement pour admettre que le bétail européen provient de trois espèces éteintes, l'Aurochs, «Bos primigenius», déjà domestiqué à l'époque néolithique, d'une espèce plus petite «Bos longifrons», et d'une troisième «Bos frontosus».

Comme le Bœuf est sujet à varier et que la sélection lui a été appliquée depuis de longs siècles, que les croisements ont été essayés à l'infini, il n'est pas étonnant qu'il existe aujourd'hui des races très diverses par la taille, la coloration, les proportions, les cornes, toutes fertiles entre elles, puisque même les «Bos taurus» et «Bos indicus» reproduisent parfaitement ensemble.

Même la durée de la gestation varie beaucoup, puisqu'on a constaté entre certaines races la différence énorme de quatre-vingts jours.

En France, presque chaque province nourrit une race de Bœufs, parmi lesquelles on peut citer les races limousine à robe blonde, charolaise, vendéenne, nivernaise, de Salers, normande, comtoise, angoumoise, la race noire de Camargue, la petite race pie de Bretagne, etc. La Belgique, la Suisse, la Hollande, l'Angleterre, possèdent des variétés magnifiques. En Pologne vit une race qui tient encore beaucoup de l'Aurochs et même du Bison.

On prétend que tout animal domestique redevenu sauvage reprend la coloration de ses ancêtres, mais, pour le Bœuf, on constate que là où il a repris la vie libre, la couleur est très variable. Ainsi, les races libres des Pampas et du Texas, provenant d'une souche espagnole, ainsi que celles d'Afrique, ont pris une coloration d'un brun foncé; d'autres, dans les îles du Pacifique et dans les îles Falkland, tirant leur origine du Bœuf de la Plata, sont blancs avec les oreilles noires.

SOUS-ORDRE DES **SOLIPÈDES**

GENRE **Cheval.—Equus** Linné.

Cheval domestique. EQUUS CABALLUS Linné.

A l'époque préhistorique, le Cheval vivait en France et en Belgique à l'état sauvage, l'homme le considérait comme un gibier et se nourrissait de sa chair. Plus tard, il fut domestiqué par nos ancêtres, non seulement en France, mais dans toute l'Europe et en Asie.

Il semble probable qu'à cette époque il y avait plusieurs espèces de chevaux, qui toutes cessèrent peu à peu d'exister à l'état libre, et asservies par l'homme donnèrent naissance aux ancêtres de nos races actuelles, mais avec des modifications résultant de croisements multipliés. Dans la suite, les peuples de l'Europe orientale et de l'Asie qui firent des invasions dans l'Europe centrale et occidentale amenèrent avec eux les chevaux de leurs pays, et de nouveaux croisements eurent lieu.

D'autre part, les hommes ont employé leurs chevaux à divers usages et ont à peu près créé des animaux aussi lourds et forts que possible pour traîner des chariots, ou vites et légers pour servir de montures; ils ont, au moyen de la sélection, façonné les bêtes dont ils avaient besoin, choisissant les reproducteurs, variant la nourriture, habituant à tels ou tels travaux leurs animaux, les transportant sous des climats différents. C'est ainsi qu'au moyen âge les chevaliers ont pu se servir du destrier, c'est-à-dire le cheval capable de supporter le poids énorme d'un chevalier bardé de fer. C'est ainsi qu'à notre époque, nous voyons autour de nous les lourds et puissants percherons ou boulonnais, les carrossiers élégants, le cheval de chasse, le cheval de course.

La température elle-même et les latitudes variées ont aidé à modifier les races; dans les pays secs, même très froids, le cheval a prospéré; dans les contrées humides il a dégénéré, et on sait que, dans certaines îles et dans les montagnes, il est devenu plus petit et a changé ses formes.

Il existe aujourd'hui beaucoup de variétés ou races nettement établies, différant entre elles par la taille, les proportions du corps, la tête, la forme des oreilles et de la crinière, du garrot et de la croupe. D'une part, on se demande quels changements on pourra désirer dans l'avenir, si on fera des chevaux plus petits que tels ou tels poneys ou plus grands que nos puissants boulonnais, si on pourra augmenter la vitesse du cheval de course qui semble avoir atteint son maximum; d'autre part, si les croisements de plus en plus multipliés au profit d'une race préférée ne feront pas disparaître d'autres races plus négligées, si par exemple le mélange de sang anglais toujours répété n'amènera pas la disparition d'anciennes formes, comme la limousine et autres.

Le Cheval sauvage n'existe plus, à proprement parler, que dans les steppes de l'Asie centrale, car en Amérique et ailleurs, les chevaux libres ne sont que chevaux échappés de la main de l'homme et ayant repris la vie sauvage depuis une époque relativement récente.

Ane domestique. EQUUS ASINUS Linné.

L'Ane est originaire d'Afrique et descend, selon toute probabilité, de l'Asinus tœniopus de l'Afrique orientale. De temps immémorial, il a existé en Égypte, en Abyssinie, en Arabie et en Syrie, et, de ce pays, il a été introduit en Europe.

Si l'Ane a moins varié que le Cheval, bien qu'il y ait aujourd'hui d'assez nombreuses races caractérisées, cela tient à ce qu'on n'a guère cherché à l'améliorer, car c'est un animal destiné au service du pauvre.

Il diffère notablement du Cheval par plusieurs caractères très importants et on sait combien sa voix ressemble peu à celle du Cheval. Ils s'accouplent pourtant facilement l'un à l'autre. Le produit de l'étalon et de l'ânesse, le bardeau, est une bête intermédiaire, qui ressemble à certaines races de chevaux abâtardies, assez rare du reste, et dont on se sert peu. De l'accouplement de l'Ane de grande taille avec la jument naît le Mulet, animal qui joint à l'élégance du Cheval une certaine ressemblance avec l'Ane et qu'on emploie avec grand avantage en certaines contrées.

Le Bardeau et le Mulet sont presque toujours incapables de se reproduire, et on cite comme un cas absolument remarquable le fait qu'une Mule a pu exceptionnellement être fécondée.

En France, l'Ane sert surtout aux pauvres gens; dans les campagnes, chaque paysan possède un ou plusieurs ânes. En Poitou, en particulier, on s'occupe spécialement de l'Ane et on a obtenu des animaux de forte taille qui servent d'étalons pour produire des mulets dont on fait un grand commerce.

ORDRE DES **Carnivores.**

Chien domestique. CANIS FAMILIARIS Linné.

L'homme a apprivoisé, dès la plus haute antiquité, plusieurs espèces de Canidés; il a élevé les animaux qui pouvaient lui être utiles et les a croisés et mélangés entre eux avec des espèces encore sauvages, si bien qu'il a obtenu des chiens qui, avec les siècles, se sont modifiés et différenciés de plus en plus.

Déjà, à une époque extrêmement reculée, il existait des races tout à fait tranchées, puisque les monuments égyptiens, assyriens et autres, nous montrent la figure de bêtes voisines du lévrier, du dogue, d'un chien courant et d'un basset.

Tout fait supposer que les premiers chiens domestiques sont provenus, en Europe, du Loup et du Chacal, croisés peut-être avec une ou deux races éteintes; en Égypte, d'une espèce qui pourrait être le «Canis lupaster»; en Afrique, le «Canis simensis»; dans l'Inde, le «Canis pallipes»; en Amérique, de plusieurs espèces; et les croisements de tous ces chiens domestiqués, avec de temps en temps la survenance de formes bizarres ou particulières qu'on a propagées, ont produit nos races, aujourd'hui si dissemblables. Le changement de climats a aidé aussi à créer des variétés, et on peut citer, par exemple, le Chien de Terre-Neuve européen, qui ne ressemble plus guère maintenant au Chien habitant Terre-Neuve.

D'après leurs formes, on peut classer les chiens par groupes: par exemple celui des dogues, si fortement caractérisé, représenté par des animaux de toutes tailles, celui des terriers, celui des lévriers, des Danois, des chiens de berger, celui des chiens de chasse. En réalité, il existe des centaines de races si bien tranchées que si on les trouvait à l'état sauvage, on en ferait avec raison des espèces et même des genres très bien caractérisés.

Chat domestique. FELIS DOMESTICA Brisson.

Le Chat est répandu partout. Ses variétés diffèrent par la taille, la coloration et les proportions du corps. A l'origine, plusieurs espèces ont dû être apprivoisées par l'homme, qui s'emparait des jeunes et les élevait dans ses habitations, puis, des croisements se sont faits entre les divers types, le plus souvent en dehors de sa volonté, car les chats sont tellement vagabonds qu'il a été impossible de leur appliquer une sélection plus ou moins raisonnée, comme on a fait pour les autres animaux.

On a trouvé en Égypte des momies de chats appartenant à trois espèces, dont deux y vivent encore à l'état sauvage et à l'état domestique, «des Felis caligata, bubastes et chaus». Une race espagnole semble descendre du «Felis maniculata», le Chat angora, d'Asie, provient très probablement des

«Felis manul et maniculata», et il est à croire qu'en Europe, le «Felis catus», notre Chat sauvage, a été élevé et a donné naissance à une race semi-domestique.

Ces races, emmenées par les émigrants d'un pays dans un autre, se sont accouplées à l'infini, et le résultat a été la création de nos chats domestiques, d'autant mieux que tous ces chats actuels se croisent très facilement entre eux et avec les espèces libres, par exemple en Algérie avec le «Felis lybica», dans l'Afrique méridionale avec le «Felis caffra», dans l'Inde et en Amérique avec plusieurs espèces, et les métis sont toujours féconds.

Le Chat s'est habitué à demeurer avec l'homme, et en beaucoup de maisons la Chatte ne quitte jamais l'habitation de son maître. On a même vu des chats transportés à de grandes distances retrouver leur direction et regagner leur ancien domicile. Mais souvent aussi le Chat, surtout le mâle, s'éloigne de la maison, soit pour rechercher les femelles, soit pour chasser dans les champs et les bois. Dans nos campagnes, où parfois il est mal nourri, il quitte définitivement l'habitation et il reprend la vie libre, demeurant dans les bois à la manière du Chat sauvage. Là, ils s'accouplent avec le «Felis catus» et on trouve de ces métis, toujours reconnaissables à leur facies et à leur queue. Autrefois, quand le «Felis catus» était commun, les descendants de ces métis retournaient rapidement au type sauvage. Aujourd'hui, ces chats errants ne peuvent faire souche, parce qu'ils périssent toujours, pris dans les pièges ou tués par les chasseurs.

ORDRE DES **Rongeurs.**

GENRE **Cobaye.—Cavia.**

Cobaye Cochon d'Inde. CAVIA APEREA Gmelin.

Le Cochon d'Inde est le représentant domestique du «Cavia aperea», un Rongeur du Brésil, amené en Europe peu de temps après la découverte de l'Amérique. Depuis son acclimatation chez nous, il a notablement varié et est aujourd'hui assez différent du type sauvage. Il n'existe, au surplus, en Europe, aucun représentant de sa famille.

Chacun connaît ce petit animal, généralement de couleur blanche, plus ou moins taché de noir, de gris, de fauve ou de jaune, très doux, très prolifique, qu'on nourrit de pain, de grains, d'herbes et de fruits.

Il fait souvent entendre un petit grognement, ce qui lui a fait donner dès le XVIe ou XVIIe siècle, alors que l'Amérique portait ordinairement le nom d'Indes occidentales, son nom de Cochon d'Inde.

Les Cobayes sauvages vivent dans les forêts de l'Amérique méridionale.

On le mange, bien que sa chair soit médiocre, mais c'est plutôt une bête d'agrément qu'un animal utile, quoiqu'il soit devenu précieux pour les expériences de laboratoire.

Milton Keynes UK
Ingram Content Group UK Ltd.
UKHW050037220624
444555UK00004B/436